别让未来的你，讨厌今天的自己

轶男 著

中國華僑出版社

前言

每个人都幻想过“将来”。

五年后，自己是什么样子？是不是有点老？

十年后，自己应该有了家庭和孩子，是不是一个合格的伴侣、家长？

二十年后，自己的事业如何？是不是有了很大名气和地位？

三十年后，步入老年，是不是还健康？是不是有足够的能力得到别人的尊重？

四十年后，快要退休了，是不是不必为存款、子孙担心，有足够的精力、财力去环游世界？

……

在幻想中，人们得到过满足、憧憬、力量，可惜很少有人将幻想变为前进的目标，人们只是在白日梦中发发呆，然后继续过着琐碎的生活，抱怨生命的平庸。你有没有想过，倘若能让你直接变成五年后、十年后、二十年后的你，回忆从前的日子，你会为自己骄傲吗?

五年后的你，面临升职的压力，也许正要步入婚姻，不论工作还是存款，一下子变得重要起来。你真希望自己在前几年更加努力一些，现在能在更高的位置，当你想起自己曾用宝贵的时间玩游戏、磨洋工、经常抱怨工作不如意却不知改变，你后不后悔?

十年后的你，上有老下有小，生存压力进一步增加，每天在工作和家庭中间奔波，事业也处在高不成低不就的瓶颈期，你却发现自己没有足够的阅历、经验和智慧。这时的你会不会后悔没能及早培养良好的思考习惯，后悔没能在最好的时光里学习更多的知识?

二十年后的你，看到周围的人事业有成，此时你还在基础的位置徘徊，你是否希望自己在初出茅庐的那几年有更明确的方向、更好的职业规划、更顽强的毅力，而不是随波逐流地选择工作，敷衍了事地结束每一天?你是否痛恨自己的懒惰?

几十年后的你，面对衰老和疾病，回想起从前的通宵和纵情娱乐，是否懊恼自己没能更加爱惜身体?此时，和健康同样重要的是心态，你有一份从容淡定的心态吗?是否后悔自己没能在一开始就注意心理上的调节?那会让你避免多少痛苦和忧愁?

看看现在的自己，想想将来的自己，将来的你，会满意现在的自己吗?多数人都会说出否定的答案。

我们有太多需要改变的缺点，却只有一丁点决心;

我们有太多不得不面对的困难，却没有同样强大的能力；

我们有太多事需要马上做，却克服不了惰性和畏惧；

我们有太多不满和抱怨，却找不到动力和激情；

我们有太多认识的人，却不知什么是真正的友谊；

我们有太多喜欢的事物，却只和不喜欢的一切将就着生活……

将来的你，一定会痛恨这样的自己！

所以，必须从此刻开始改变！本书就是一本帮助你走出舒适区、摆脱未来迷茫感的人生启智书，它会帮助你真正认清当下的自己，清楚那些可能毁掉未来人生的种种坏习惯，同时给出改变现状的思路和方法，以鲜活的案例带给你警示和启迪，也让每一个站在人生起跑线和十字路口的人，获得改变自己的勇气和智慧。

学会思考，改变方向，整理生活，修正习惯，提升自我，根除负能量。

当你终于改变自己，人生一定会有奇迹。

目录

contents

第一章 当别人在努力时，你在干什么

注意！时间杀手排行榜 // 003
一个娱乐沉迷者的自白书 // 007
手机控，别被手机绑架 // 010
关于沉迷的那一大串借口 // 013
再不努力，我们就老了 // 018
做什么都好，千万别把娱乐放在第一位 // 020
沉迷戒断疗法 1：要戒快戒，不要“明天就戒” // 022
沉迷戒断疗法 2：离得越远越好 // 025
沉迷戒断疗法 3：千里之行，你先迈一步 // 027

第二章 经常牢骚满腹，是对生活的不负责

牢骚的人什么样？孔乙己加上祥林嫂 // 033
牢骚关键字：不满、烦、讨厌、受不了…… // 035
负责的人，不被情绪左右 // 038
学一学，大师的好性格 // 042
酒香需要沉淀，心香需要安静 // 046
关于挫折，结论不能下得太早 // 048
正能量补充法 1：扔掉扔掉，见鬼的受害者心态 // 051
正能量补充法 2：忘掉忘掉，不开心的都忘掉 // 053
正能量补充法 3：与人为善，播种春风 // 056
正能量补充法 4：快点，把错误的原因揪出来 // 058

第三章 不想过得平庸，就别抗拒学习和思考

平庸综合症初步诊断 // 065
不会说话？因为你无话可说 // 067
没有进步？因为你原地踏步 // 070
没有主意？因为你随波逐流 // 072
这一刻，一切静下来 // 075
低起点逆袭策略 1：报一个学习班 // 079
低起点逆袭策略 2：开阔眼界的十种方法 // 082
低起点逆袭策略 3：不妨问问为什么 // 087
低起点逆袭策略 4：装聋作哑，忽视干扰 // 091

第四章 抛开消极的自我暗示，尝试勇敢

生活，究竟需要怎样的心态 // 097
犹豫，消极的伴侣 // 100
拖延，消极的日常状态 // 102
孤独，不断进化的消极 // 106
暴躁，消极的火苗 // 108
其实你很好，只是不自知 // 111
积极心灵修行法 1：积极，从打扫房间开始 // 115
积极心灵修行法 2：收集你的座右铭 // 118
积极心灵修行法 3：成功要继续，失败就重来 // 120
积极心灵修行法 4：眺望你的人生 // 123

第五章 所有的激情，来自你热爱生活的心

生活是平淡的，但不是麻木的 // 129
专注力，去了哪里 // 131
从哪一天，我们开始怀疑工作的意义 // 135
一天一小时，你可以做到什么 // 138

激情加油第一站：目标实验，五步完成 // 141
激情加油第二站：坚持的勇气，就是激情 // 144
激情加油第三站：勇于尝试的心态，也是激情 // 147
激情加油第四站：能折腾，经得起折腾 // 150

第六章 不关注健康的人，一定没有可靠的未来

只需要一个故事：讲好你自己 // 155
意外的健康杀手 // 157
身体健康，今生最大的投资 // 159
熬夜加班有害健康 // 161
健康习惯老生常谈 1：运动没有你想得累 // 163
健康习惯老生常谈 2：食物那么多，不要吃垃圾 // 167
健康习惯老生常谈 3：矫正疾病思想 // 169
健康习惯老生常谈 4：把握你的工作和休息 // 173

第七章 跳不出舒适区，你就等着不断退化

舒适区，自制的温柔陷阱 // 179
理想饱满，现实骨感 // 181
舒适常态：一等二靠三落空 // 184
矛盾焦点：正思维与逆习惯 // 187
变革自我舒适区步骤 1：给自己一点危机感 // 190
变革自我舒适区步骤 2：自我革命，革除陋习 // 194
变革自我舒适区步骤 3：主动主动再主动 // 197
变革自我舒适区步骤 4：共生思维，拆掉单行道 // 200

第八章 生命只有一次，别将就着过不喜欢的生活

好的人生，是讲究，不是将就 // 207
自卑的人不敢憧憬优秀，只敢将就 // 210

胆小的人害怕打破现状，愿意将就 // 212
脆弱的人扛不住压力，只能将就 // 215
将就的生活，一潭死水 // 217
将就的爱情，味同嚼蜡 // 220
将就的事业，高不成低不就 // 222
不将就生活第一步：尝试改变，确定合适的职业 // 226
不将就生活第二步：迎难而上，要成就不要将就 // 228
不将就生活第三步：争取喜欢的一切，你才会快乐 // 230

第九章 远离负能量的人，为未来争取阳光

和什么样的人在一起，就会有什么样的人生 // 235
和牢骚的人在一起，你是垃圾桶 // 237
和狭隘的人在一起，你是忌妒的靶子 // 239
和懒惰的人在一起，你是免费保姆 // 242
和悲观的人在一起，你开始承担郁闷 // 244
和虚荣的人在一起，你学会晒晒晒 // 247
和势利的人在一起，你是踏脚石 // 249
和自私的人在一起，你要学习不当圣母 // 251
负能量攻略 1：清理朋友圈 // 253
负能量攻略 2：多出去走走，多交点朋友 // 255
负能量攻略 3：培养乐观心态 // 258

第一章 当别人在努力时，你在干什么

游戏，许多年轻人离不开的娱乐项目，多少人为了它耗费金钱精力，耽误青春年华？时光一去不复返，没有重来的机会，以游戏为主的娱乐，是前途的阻碍。

沉迷游戏娱乐的人主要有三类：在现实中缺乏存在感、自制力差、缺少人生目标而空虚。戒断过度娱乐，让人生步入正轨，战胜虚幻，才能赢得梦想。

注意！时间杀手排行榜

有一阵子，大街小巷都放着一首歌，《时间都到哪儿去了》，歌曲里年老的爸爸妈妈，让为人儿女的青年们深有感触，人们不由自主地想到自己有一天也会老，不，是每个人在每一天都在变老。

察觉到的人难免有压力，追着时间的脚步开始奔跑，害怕在自己不注意的时候，被时间扔得远远的；大多数的人并没有察觉到这一点，他们享受年轻的欢乐，享受休闲，享受娱乐，直到有一天他们突然发现自己的身体大不如前，精神头不足，注意力下降，创造力衰退，甚至看到了镜中的白发，此时他们才终于喃喃自问："时间都到哪儿去了？"而那些早就注意到时间残酷的聪明人，早已远远走在他们前面，成为令人羡慕的成功者。

对时间的态度，决定了一个人一生的走向。

年轻的时候，人们总是觉得时间用不完，一天过完又有一天，仿佛取之不尽。可是，我们的"一天"，真的有那么充足吗？去掉八小时标准睡眠时间，去掉三餐时间，去掉上下班交通时间，剩下的不过是不到 12 小时的工作、娱乐、学习时间，多数人觉得自己的时间利用率并不高，明明忙了一天，却发现工作也没完成，学习也没进度，娱乐更是不尽兴。

于是，想工作的时候抱怨自己学的不够导致效率低；想学习的时候抱怨自己工作太重导致没时间进修；想娱乐的时候又不得不担心工作，抱怨工作、学习给自己带来了太多的压力……很多人陷入这样的恶性循环之中无法自拔，他们天天说："没时间！没时间！"但他们很少仔细想想，为什么同样的时间，有些人却可以工作、学习、娱乐都不耽误，还能发展业余爱好，参加个竞赛得个证书。

与其问"他们的时间哪儿来的"，不如问"我的时间哪儿去了"。

卢卢出了地铁，随手在车站边买了盒饭和烤串拎回家。她的家离地铁只有 5 分钟步行距离，当初，她特意用贵一些的价格租了靠车站的房子，为的就是多节省一点时间，让自己能够多休息、多充电，不必在交通上花费太多精力。

想法是好的，但随着工作的稳定，卢卢也不再整天想着在业余时间看会计书，她对着账单报表一整天，头晕眼花，回到家，只想找点娱乐。她一直玩一个热门网游，今天游戏中的公会有任务，谁也不能迟到。打开电脑，她熟稔地进入操作页面，赶到集合地点。

这一个副本足足用了三个小时才刷完，期间卢卢根本没起身，等到好友们陆续下线，她才回过神，发现窗外一片漆黑，一看时间，快到 11 点了！她腰酸背痛地站了起来。

其实，每次打完游戏，卢卢都觉得空虚，还有一种浪费大量时间的愧疚感。可是，每一次她都忍不住上线，她总对自己说，"至少要升到 ×× 级，不然白玩了"、"至少过段时间再走，不然对不起公会的朋友"、"至少把小号也练到 ×× 水平，不然不甘心"……于是，她每天回家的第一件事依然是打开电脑，进入游戏。一入游戏深似海，从此时间是路人。

起初，卢卢认为适当打游戏能够放松身心，让她在疲惫工作之余享受一下“快意江湖”的乐趣，享受一下不必太费脑子的成就感，享受与志同道合的游戏者交流的快乐。如今，游戏已经占据了她大量的休息时间，她不得不重新考虑这个活动的得失，即使明白打游戏得不偿失，她也不知道怎么去改变沉迷游戏的现状。她曾和几个“游友”交流过，他们中有学生、有白领、有淘宝店主，他们都和卢卢有相同的感受……

时间都到哪儿去了？每个人心里都有一笔账，他们不是不知道把时间用到了哪里，而是当他们发现时间并没有换来相应的收获时，觉得难以置信，觉得惶恐，觉得悔恨。

假设手里有八个小时，用在工作上，可以换来一天的工资；用在学习某种技能上，可以得到某个知识点，或者实践某个错误点；用在阅读上，可以读完一本好书；用在陪伴家人上，可以享受一个轻松的假日；哪怕用在睡觉上，也可以保证第二天的神清气爽。

同样是八小时，用在打游戏上，也许能打完一个副本得到一个装备；用在K歌上，也许能让你得到“麦霸”的美誉；用在逛街上，也许能让你得到购物的些许快乐；用在聊天上，也许能让你发泄一些情绪……但是，你得到的所有东西几乎都是无用的，甚至还要花费额外的金钱和精力，你会发现付出和所得完全不成正比，两相权衡，你不得不感叹，时间被“谋杀”了！

来看看最新出炉的时间杀手排行榜吧。随着网络深入生活，微博、微信等工具已经稳稳占据了排行榜首，网络游戏这一大众杀时间项目与之不相上下，也就是说，大多数人的时间都浪费在这些所谓的“网络社交”和“自我娱乐”软件上。其余如看电视、逛街等项目也占有一定比重，在消费时代，网络运营商和各路商人铆足力气吸引人们的注意，为的就是提供娱乐、促进消费，人们就在娱乐陷阱中无法自拔地沉迷下去。

对应这份杀手排行榜，检讨一下自己的生活，看看“杀手”们是不是就潜伏在你的电脑里、手机里？如何判断它们是否干涉了你的生活？很简单，你的工作有没有被娱乐影响？过度娱乐会占用人们休息、锻炼的时间，一定会影响到人的注意力和精力。

每个人都有一定的娱乐时间，这是正常合理的，在这个时间范围内，不论你聊天、游戏、闲逛或网购，都没有任何问题。一旦你的娱乐超过这个时间，用锻炼身体的半小时去升级打怪，用细嚼慢咽吃晚饭的半小时去聊天吐槽，晚睡半小时在网上看水贴……当这些行为占用了你的正常作息，它们就是时间杀手，它们会逐步控制你，让你形成习惯，让你逐渐减少锻炼时间、休息时间、睡眠时间、真正的娱乐时间，甚至工作时间，让你一事无成。

每个人都要警惕时间杀手对生活那悄无声息地袭击；

每个人都要经常留意自己是否在不经意间养成了“杀时间”的不良习惯；

每个人都要知道，真正的时间杀手，不是别人，而是没有自制力的自己。

一个娱乐沉迷者的自白书

我在大二那年就在校园潮人大赛中取得亚军，我还留着当时的获奖照片——年轻的我穿着入时，顶着那个年代流行的漂染发色，抱着个自己绘制图案的滑板，笑得很张扬也很开心。我一直是个爱玩的人，什么都想去试试，什么都想学一学，也一直是朋友们眼中的“达人”，似乎什么都会，什么都玩过。

直到最近一次同学聚会，看到从前的同学们事业有成，而我还是游戏公司一个高不成低不就的小设计师，我才不得不问自己：“是不是玩过头了？”

这是一个全民娱乐的时代，我们每天都有无数种娱乐选择，你有一部手机，就有几千种手游供你下载；几万个团购供你消费；几十万的商家为你服务……总之，只要你愿意花时间、花钱，你有太多消磨时间的方法，让你不会觉得没事儿做，让你觉得自己很“充实”，日子很“有趣”，一天比一天过得快，一点也不无聊。

我就是一个娱乐沉迷者，大学时代爱玩，纯粹是因为年轻，高考前玩乐之心被压着，上了大学一股脑儿释放出来。后来，“玩”就成了一种需要，别人说我是个“会玩的人”，我就想要玩出花样，玩出水平，让别人羡慕我的轻松、创意和潇洒。后来我发现这些没有意义，因为没有哪个公司看中你会玩，人们只看真才实学。

工作后的我把“玩”作为逃避现实的一种手段，被上司批评了，工作遇到挫折了，生活有压力了，失恋了心情不好了，我就疯玩一通，自欺欺人地说自己只是想发泄一下情绪。其实我知道自己是在逃避，因为解决不了问题，或者害怕解决问题，我就在暂时的发泄中逃避着。

“我也想过戒掉这些玩的东西，趁着还算年轻，多学一点有用的，不然就真的晚了。我下过很多次决心，每次受到挫折，就重新躲回游戏里，游戏里好啊，不用太多心思就能让人羡慕你——我知道这样不行，我最近又下了决心，把手机上的游戏都删了，网游也删号了，以前一起玩的朋友也不联系了，最近我报了个日语班，恶补一下，争取公司年底的那个出国学习机会，希望这一次我能坚持到底。再不坚持，就真晚了。”

这是一位在游戏公司打工的设计师年初留在微博上的“自白书”。令人高兴的是，他大半年没有再出现，只在年底发了一条庆贺微博，说自己取得了出国公干的名额，正在打包行李，准备去日本。“不求自己当榜样，只希望能给还在浪费时间的人一点启示，我可以，你们也一样。”

这份半是忏悔半是分析的自白书说得很中肯。每个人都在寻找存在感，在生活中找不到存在感的人，尤其喜欢把精力放在虚幻的空间，模拟出个人价值，享受一把被关注、被羡慕、被追随的快感，这种快感很容易让人沉迷，于是，很多人把真正的生活放到一边，转而追求网络上的关注率，不用说，他们的生活质量越来越差。

逃避是人的本能，当人们遇到难以解决的困难或伤害时，出于自保，会逃离到安全的地区。不过，逃有很多种，有些人取得喘息空间，会痛定思痛，思考如何克服困难，他们会抓紧时间磨炼自己，制定策略，观察敌情，以期下一次大获全胜；有些人恰恰相反，他们恨不得一辈子都不再遭遇这种“倒霉事”，一味地逃避——一辈子很长，下次，他们碰到更倒霉的事，只能继续躲，继续逃，直到被现实打得毫无招架之力。

而娱乐给人提供的不但是一个暂时的避风港，还是一个满足虚荣心的幻想空间，这里不但安全，还能让人“步步高升”，只要按部就班地做某些事，就能得到某些成就——这简直太理想了，没有风险，无须创意，伤害和困难都可以预期，还能得到满足感，那些在现实生活中遇到挫折的人，怎能不喜欢这样一个地方?

可是，生活就是这样，你越是逃避，它越是一团糟，谁也不可能一辈子躲在娱乐里。就算你有足够的金钱，足够的时间，终有一天你还是会发现，娱乐来娱乐去，就是那么回事，你根本什么也没有得到。这时候才开始后悔，有这样的时间，还不如去工作、去看本书、去交个真正的朋友或谈场恋爱。过分注重虚幻空间的人，一定会损害到实际生活。这个时候，你需要的不是自白，不是忏悔，而是马上改正，切断你与虚幻世界的一切关系。

不能认清现实、脚踏实地的人，永远不会有成就。

还需要补充的是，的确有一种人样样精通，既能在生活中如鱼得水，又能在虚幻空间里成为“风云人物”，但这种人并不多。其实，在生活里兼具智商和情商，能够把握自己的事业的人，在哪里会差呢？他们中的大多数人都务实，不会在虚幻的空间里抛掷太多精力；另外那一小部分，只把虚幻空间当作一个娱乐场所，不会花费气力。所以，那些连生活都顾不好的人，还是别幻想“两者得兼”，先经营自己的人生，打下一个牢固的基础，再想着如何锦上添花吧。否则，一切虚幻的成就都是一场空，只能留下悔恨。

手机控，别被手机绑架

早上起来，你第一个动作是什么？

睁开眼睛？还是移动着手臂，在身侧摸索手机？

晚上睡觉，你最后一个动作是什么？

闭上眼睛？还是握着手机不肯放，想着上面的信息？

乘坐交通工具，你最常做的事是什么？

听音乐？闭目养神？放空身体什么也不想？还是低着头，不眨眼地看着手机？

吃饭的时候，你的手机放在什么位置？

包里？房间里？还是就在饭桌上，时不时要拿起来瞅一眼再放下？有时还要拍拍拍？

出去旅游，你最离不开的是什么？

是美丽的风景吗？不，你离不开手机，你不是在拍照片，就是在和朋友闲聊分享，恨不得把自己的所有行程记录在手机上……

你的生活最离不开的是什么？恐怕不是吃饭睡觉，不是事业理想，不是亲情友情，而是这忘不了放不下随时随地都惦记的手机。

你已经被手机绑架了！这不是危言耸听。

“我不是被手机绑架，而是生活根本离不开手机！”

A先生有理有据地反驳：

“现在，哪个行业的工作者离得开手机？手机里有你的银行，你的订单，你的合作者，你的文件，你的资料，你的移动办公软件，你的老板的指令，你的下属的汇报，你的行程，你的车票，你的地图，你的人际圈，你的父母，你的爱人，你的孩子，你的孩子的老师——你说，人怎么能离得开手机？”

B小姐情真意切地驳斥：

“难道你能想象一个没有手机的人的生活？现在人们都在微信上交流，你不知道大家在谈什么，不知道最近的热点是什么，不知道朋友圈最火的文章是什么，不知道老同学的近况还好，不知道上司的状态，你还想不想好好工作了？不是我们非要拿着手机，而是大家都拿着手机，难道我要当隐者？”

C同学言之凿凿地论述：

“存在即合理，在高科技时代，手机生活就是潮流！连手机都不会用的人还是现代人吗？手机软件给我们的生活提供了多大的便利？就拿我来说，我起床靠手机闹钟，背单词用手机软件，开车用手机导航，走夜路照明用手机软件，买衣服用购物，想做菜打开手机菜单营养又快捷，想休息就打个手机游戏放松身心，想跟同学联系只需要打个表情问候一声——手机替我们节约了多少时间！为什么说我们被手机绑架？手机是工具，人人都能使用，人人都能获益，我们应该感谢手机！”

的确，手机提供的便利改变了我们的生活，善于利用手机的功能，能够极大限度地节约时间，提高效率，调整生活状态，我们的确应该感谢科技带来的一切。可是，这只是理想化状态，并不是每个人都能合理地利用手机，只把手机当作生活的辅助工具，事实上，不少人把手机当成了生活的重心，日常生活就是围着手机转。

在公车、地铁、火车上，看吧，所有人都在低头玩手机，有几个人正用手机谈公事？大多数人正在刷网页、看微博、玩游戏、读快餐小说、聊天。他们会立刻反驳说，这是为了“打发时间”，时间那么宝贵，是用来“打发”的吗？

有人做过社会调查，发现很多人的生活离不开手机，离开三小时已是极限，一旦摸不到手机，就会没来由地心慌，认为有什么事没做好，认为自己错过了重要消息，认为耽误了游戏进度，认为自己冷落了朋友……总之，他们会找很多借口来证明自己必须看一眼手机，当然，有第一眼就会有第二眼、第三眼。

过度沉迷手机的危害，已经不是什么新鲜新闻，溜号，发呆，精神状态差，不能集中精力，这已经不算大事，有些人开车聊手机，走路看手机，工作时也想着手机，他们有的伤害了别人，有的耽误了自己，有的被人乘虚而入损失了钱财甚至更多。

手机控和手机综合症相伴而生，心理上的成瘾很难戒断，约会时看手机、吃饭时看手机、开会时看手机，这些行为极大地影响着他人的观感，让人觉得此人不专心、不礼貌，素质和教养都有问题。手机对身体的伤害更加明显，长时间做低头族，颈椎损伤，视力下降，健康受损，这些都是“手机后遗症”。

在没看到特别明显的后遗症之前，人们总是自信满满，认为自己只是“玩一会儿”、“看一下”、“我心里有数”，然后又在不知不觉中把时间、精力与健康消耗在手机上。人不能过于高估自己的自制力，圣人尚且“吾日三省吾身”，何况我们只是面对种种诱惑的凡人？想要节约生命，先要重新审视一下时间的一大敌人：那个时不时绑架我们的手机。

针对手机，一所高校发起了“21天不玩手机”活动，参与者戴上写着警示语的手环，竭力克制玩手机的冲动，持续21天。很多人坚持不到三天，坚持下来的人认为这种活动大有意义，而且，他们切身感受到远离手机带来的注意力集中、效率加倍、生活更有意义，以及抬起头来的神清气爽。

21 天可以养成一个新的习惯，试着 21 天远离手机，做个“抬头族”，你会发现离开手机没有你想象的那么难受，反而给你带来不少契机。记住，手机只应该是一个工具，不应是生活的全部。

关于沉迷的那一大串借口

下面我们来评选沉迷游戏的八大借口。

1. 我想放松一下

这是最基本、最经典、最让人无从反驳的借口。现代社会生活节奏快，人的心理压力大，很容易产生疲惫感，想要给麻木的大脑和紧绷的神经找一个舒缓的空间，是每个人的心愿，也能得到其他人的理解。“放松一下”不但是每一个疲劳的人的权利，更是现代人应该做的，必须做的。劳累过后，打打游戏聊聊天，放松一下周身神经，在虚拟世界里做上半小时的白日梦，取得一点惊喜的小成绩，既休息了身心还让心情变好，何乐而不为？

事情本来应该是这样的。可是，有多少人玩游戏能达到“放松一下”的目的？大多数人都陷入了升级、充钱、刷副本、做任务的无限循环之中。游戏倘若不能让人放松，而是让人费时费力费钱，让人更累，它还值得“玩”吗？影响了正常生活的游戏，还是游戏吗？这样的放松，还不如去睡觉呢！

2. 玩游戏能够锻炼脑力

不可否认，有些游戏的确可以锻炼脑力，有些脑部疾病的辅助治疗里就有游戏项目。但是，要注意，市面上的大多数游戏没有这个功能！就算有这个功能，当你长年累月不眠不休地玩的时候，它也变成了禁锢脑力、僵化思维的电子程式。比如，大家都知道数独游戏可以活跃人的思维，但有几个人通过玩数独玩成数学家？扑克牌也考验人的脑力，玩多了就不是智力比拼，是赌博！

说得更明白一点，如果你真的有脑力，为什么不去玩更需要脑力的东西？是玩不来吗？用打游戏来锻炼，不论锻炼脑力、注意力、体力、控制力，别管什么力，都是胡扯。游戏只会让你丧失自制力，失去集中力，消耗体力，磨损脑力，降低免疫力——这些“力”，都要靠锻炼、阅读、学习、实践来提升。而这些事，和游戏没有一点关系。

3. 没什么事做的时候才玩

这也是一个经典借口，说自己“没事才玩”，代表此人知道游戏的危害，但又克制不住，因此找一个体面的借口来掩饰，其核心是害怕别人看穿自己的“玩物丧志”。他们说得轻松，但仔细一想，这句话纯属多余，一个对生活有规划的人，不太容易“没什么事做”，更不会因为打个游戏而对别人解释一番。

这种解释有时是沉迷的一个前兆，需要警惕。想要轻松一下，打打游戏没什么不好。但“没什么事”的时候，明明可以找到更有意义的事，一定要花费大量时间打游戏吗？当你为一件事找借口的时候，说明你已经离不开这件事了！趁着自己尚有理智，赶快离容易上瘾的东西远一些！

4. 玩游戏能赚钱

电竞队的兴起，让人们在玩游戏的时候多了一个有力借口，玩游戏可以赚钱！电竞可以当作事业！是的，的确有不少人靠电竞成名，有了荣誉，有了金钱，有了粉丝，可是，有多少人真的能靠游戏赚钱？你知道游戏赚钱的辛苦吗？每天都不停地刷游戏，废寝忘食，不顾健康，你真的能把游戏当作一项事业吗？

绝大多数人都知道，不论技术还是时间，以自己的条件，无法靠游戏生存下去。那么，就不要说自己玩游戏能赚钱，那只会让你更加心安理得地搭上更多时间和金钱。有本职工作和学业的人，还是应该以自己的正业为主，游戏赚钱的道路并不好走。

5. 玩游戏能交到很多朋友

很多人玩游戏是因为网络上的朋友，享受彼此陪伴、一起成长的快乐，有时候明明对一个游戏没什么兴趣了，因为这些朋友在，仍然偶尔上去看上一看。这种经历是非常值得珍惜的。不过，很多人本末倒置，偏要说自己不是在玩游戏，是为了交朋友增长阅历，这就让人不得不感叹，现实的朋友还没交明白，虚幻的朋友究竟能带给你什么？

网络是个虚幻的世界，最大限度缩小了缺点放大了优点，一个个片面的人满足了我们对理想朋友甚至知心爱人的想象，于是，打游戏打得更加起劲。可是，那终究是虚幻的东西，当你关上电脑，你要面对的仍然是现实中的人，当你生病，帮你打水买药陪你去医院的人，可能是你平时看不惯的同学，可能是和你闹过矛盾的同事，这才是真正的生活。一个成熟的人应该首先经营好身边的感情，再去更大网络世界里结识不一样的人，而不是反过来。

6. 游戏能给平凡的生活带来惊喜和刺激，是不一样的生活

生活在大多数时候很平凡，缺少惊喜和刺激。于是人们在游戏里当大侠、当骑士、当国王，享受功成名就的快乐。游戏运营商也尽可能提供充满想象力的平台，让玩家们今天在一片荒芜的原野上建立城堡，明天在肃杀的江湖中追击刺客，后天又能在甜美的田园景色里享受柔情……换言之，游戏为人们提供白日梦。

谁不知道白日梦的危害呢？总做白日梦，会渐渐混淆现实和梦境的区别，变得患得患失，逃避，怯懦，自负又自卑，丧失行动力，丧失理想，最终一无所成。游戏是白日梦的温床，虚幻的成就满足了人们想要得到承认的心理。但是，所谓的惊喜和刺激，不过是现实生活中体会不到的事物。试想，一个经常面对挑战的人，生活里怎么会缺少刺激？而一个甘于平庸的人，生活里哪里可能出现那么多惊喜？游戏里，你体会的不是不一样的生活，而是不一样的游戏，和生活无关。

7. 玩游戏能够陶冶情操

这恐怕是最高尚也是最虚无缥缈的借口。偏偏宣传者有不少理由，游戏的美工好可以提高人对美的感受力；游戏的情节好能够提高人的反应能力；游戏里的团队能够让人学习为人处世；游戏的音乐可以提高人的音乐素养……更可怕的是，有些玩家竟然信以为真。

可是，倘若你真的用相同的时间去鉴赏名画、品味音乐、参加运动、结识朋友，得到的东西恐怕更多、更有用吧？这些在生活中

能够轻易做到的，为什么一定要去游戏里找？游戏就是游戏，它给人以轻松的享受，但绝对不能用它代替需要付出辛苦的那些学习和修养的过程，真想当一个具备高尚情操和有优良生活品质的人，恐怕先要远离游戏才好。

8. 玩游戏让我更积极地面对生活

不可否认，各种游戏已经成为很多人生活的一部分，也的确有人在游戏中得到了享受、得到了学习；在游戏的闯关设计中得到了关于生活的提示；在游戏中的朋友们的鼓励下得到了勇气。但能够得到这些的人，恰恰是那种把生活和游戏区分得很清楚，以生活为主的人；而那些沉迷游戏的人，他们不但不能积极地面对生活，反而把游戏当作逃避场所，恨不得躲在游戏里再不接触生活。

同样的游戏，为什么有时是有益的工具，有时却能害人？关键还要看玩家的自制力和对游戏的认识。“游戏让我懂得了生活”和“为了懂得生活我要打游戏”有本质区别。当一个人把游戏当作生活的附属娱乐，他往往能在游戏中得到轻松；当一个人的游戏占用了生活时间，他就会被游戏拖累；当一个人用游戏代替生活，完全沉迷其中，他已经到了危险边缘，再不醒悟，生活会完全崩溃。

游戏当然不全是坏处，但凡事有限度，过了限度，就会玩物丧志。游戏，终究不是大多数人的事业，玩玩即可，不可沉迷。如果你还是执迷不悟，可以肯定，你不是在玩游戏，你被游戏玩了。

再不努力，我们就老了

每年的毕业季，毕业生们为实习和找工作奔走，老师们殷殷嘱托："上班后千万不要浪费时间，多学点东西。"这句老生常谈的话，被小雷当作耳旁风。哪一个学生不是从小就听不同的老师这么唠叨，不要浪费时间，时间最宝贵，以后后悔就晚了，等等。多数人和小雷一样，忙着自己认为重要的事，谁也不肯多听听老师们的教诲。再过几年，在职场空耗了许多时间，学到的并不多，受的累并不少，才开始检讨自己的人生究竟出现了什么样的偏差，才开始回忆老师们的金玉良言。

幼儿园的时候把老师的话当作耳旁风，小学还可以努力；

小学时候不理解老师的话，中学还可以拼搏；

中学不理会老师的教诲，大学至少能懂事点，有点压力；

大学还对这样的话不甚了了，工作后受到打击，总会知道轻重；

工作了还是不懂"努力"的含义，还在空耗青春，还在原地踏步，一切就真的晚了。

这是小雷工作几年来得到的最大教训，他渐渐发现记忆力不如以前，体力不如以前，不能跟着年轻人一起加班，不能不顾及自己的身体，眼看就要有家庭，会有更多事情牵扯精力……青春那么短，很快就会离开；时间并不多，用一点少一点。

到了这个时候，小雷才开始后悔以前没有仔细听老师的话。好在，他及时止损，换了一份有挑战性自己又喜欢的工作，不断充电，不懂就问，终于“赶了个青春的尾巴，算是做出了点成绩”。他经常劝自己身边不够努力的朋友和同事，千万不要把大好时间浪费在娱乐上，趁着青春，人要尽量拼搏，不然“我们就老了”。

我们的青春很短，我们的时间也不多。每个人都明白这样的道理，可是多数人依然在各式各样的借口下，沉溺在所谓的休息、娱乐、享受之中，究其原因，他们对自己有一种奇怪的“纵容”，既然工作已经很累了，理应娱乐一下，做一点自己喜欢的事，“人要对自己好一点”是他们的口头禅。

但他们“好”了吗？完全没有。

生活的“好”有三个阶段。

物质基础牢固是第一个阶段，有牢靠的保险和工资，能够保证正常的花销，有一笔存款保证自己不会被突来的意外打乱阵脚，再有一点闲钱投资或娱乐，这是生活的基础；

提高自己的品位和素质是第二个阶段，不断充电，培养高雅的业余爱好，交见识广博的朋友，给自己的生活增添光彩，这是生活的提升；

修养自己的身心是第三个阶段，学着在浮躁的世界保持宁静的心态，与生活和谐相处，不以物喜，不以己悲，这是生活的最高境界。

这样的生活才称得上“好”、“很好”、“非常好”。

以这种标准，那些连工作都没做好却要娱乐、休息、“对自己好一点”的人，物质追求就成了一大问题，工作不专心前途也堪忧，又怎么会真的“好”？暂时的沉迷只是麻醉了自己，营造了一种轻松自在的假象，没有基础、没有后盾、没有真正的心灵承受力，一点风吹雨打，就能让现在的生活面目全非。

年轻不是懒惰的理由，更不能因为时间还足，就放任自己沉浸在虚无的满足之中，忘记了努力的重要。年轻人才最应该趁着活力充沛、趁着斗志昂扬，去争分夺秒，去达到自己的目标。等到了中年，再想要拼搏，恐怕心有余力不足；到了老年，更是只剩对挥霍青春的悔恨，再也没有机会重来一次。

想要对自己好一点，就要告诉自己：别玩了，别懒了，别做梦了，快点努力吧！

做什么都好，千万别把娱乐放在第一位

“道理我都懂，但也不能把所有的时间都用来努力吧？总要留一点个人的娱乐时间吧！”不少人都说过这样的话，他们看似已经把“娱乐”当作自己不可剥夺的天赋人权，而那些劝他们节约、利用、珍惜时间的人，活像在剥削他们。其实，所有时间都是他们自己的，和别人没有任何关系，他们对时间的奇怪划分，其实是在与自己搞对立。

需要说明的是，没有人反对有益身心的正常娱乐，也没有人认为一天除了睡觉就工作是一种健康的生活。娱乐、休闲、享受，这些都是生命必不可少的，我们反对的是过度娱乐、过分休闲、过多享受，那会浪费时间、消磨意志、让人止步不前。用最直白最功利的话说：有时间做点什么不好，有时间不如去充电、去赚钱。

在日本江户时代，京都人的生活比较富足。这种富足不是家财万贯，大多数人的物质生活比较一般，但他们的精神生活却很不错，

他们经常泡澡，保持身心干净，娱乐项目也多。京都的米价不贵，海里到处有鱼可以做菜肴，只要知道劳动，就不会挨饿。在那种情况下，邋邋遢遢出门和不工作，都是被人们笑话的事。倘若一个人挨饿，邻居们根本不会可怜他，而是对他充满鄙视。

在京都人心里，一个人必须想办法赚钱养活自己，只要动动脑筋，很容易赚到买米买菜的钱。一个男人只要沿街叫喊，问谁家需要短工、谁家需要磨米、谁家需要搬运东西，就能赚到饭钱；如果再愿意辛苦一点，学点手艺做点小买卖，就能让全家吃饱；如果有商业头脑，去其他地方运来货物，就能赚到不少钱……那的确是一个富足的时代，人的精神永远是向上的，积极的。

这是一段离我们较远的邻国历史，常常被日本人称道。这种较为理想的城市生活的出现，固然有天时地利的历史原因，却也给我们最直接的启示——一个城市、一个民族甚至一个社会的活力，在于对生存的追求，在于对懒汉思维的摒弃。

什么是懒汉思维？很常见。能躺着就不坐着，能等着就不动，能享受就不干活，能玩就不努力，这样的人就是典型的懒汉。听着是不是很耳熟？没错，每一个过分沉溺于娱乐和享受的人，骨子里都是懒汉，除非到了“非干不可”的地步，否则，他们绝对不愿放弃手头的娱乐。

而江户时代的京都人，却恰恰相反，他们把工作赚钱放在第一位，他们并没有特别远大的理想，他们也爱娱乐，但他们知道轻重缓急，先把米钱菜钱赚到手，先把自己收拾得干干净净再出门，这就保证了生活最基本的物质条件和精神体面。而现代人出现的问题，恰恰是本末倒置，提倡“娱乐至上”。

娱乐至上，导致事业被耽误；消费至上，导致人们寅支卯粮，不断欠信用卡债务；享受至上，导致人们做一天和尚撞一天钟，缺乏事业心；个人至上，导致极端利己，缺少和谐的人际关系……越是愿意把时间花费在没有建设性的娱乐上，人生状态就越差，生活就越偏离理想。最后人们得到的，不过一地鸡毛。

但你能抱怨什么？一切都是你自己造成的，可以选择的时候，你为什么要当一个懒汉？

理想的生活状况应该有个前提，你可以追求事业，可以追求理想，哪怕你追求着旁人无法理解却有意义的爱好，也好过整天沉溺于虚幻的娱乐。所以，想要用心生活的人要有这样的自觉——做什么都好，千万别把娱乐放在第一位。

沉迷戒断疗法 1：要戒快戒，不要“明天就戒”

想要根治娱乐上瘾，断绝对享受的心理依赖，需要下猛药。不要相信那些温温吞吞的劝告和似是而非的鸡汤，更不要去看朋友圈那些七零八碎的人生心得和痊愈总结，想要远离消磨时间的不良习惯，只需要三步：下决心、彻底远离、干正事！

首先我们说说第一阶段：决心戒断阶段。在这一阶段，人们要面对的最主要问题是拖延，总是想有个时间做做心理准备，准备来准备去，就忘了自己的决心。对此，我们必须学会快刀斩乱麻，以最快的速度下决心、做出具体行为、不断重申巩固决心，反反复复，直到良好习惯形成，一刻也不能松懈！

北北说，她的身材全部都被垃圾食品毁了。北北身高不到 160 厘米，体重却超过 130 斤，这简直摧毁了作为一个青春都市女郎的最基本自信。可是北北有什么办法？她的工作需要多动脑，她依赖多糖的咖啡和奶茶，她喜欢吃油炸食品，认为它们最能补充体力，她每天都要去快餐店报到，她简直离不开这些高糖高热高脂食物。随之而来的体重问题，让她从前的服装全都作废，而且，她还有越来越胖的趋势。

减肥，成了北北的当务之急。

显然，减肥分为两个部分，一部分是戒掉万恶之源的快餐零食，另一部分就是锻炼。北北在微信上发出监督请求，请亲朋好友们务必提醒她、监督她、阻止她的一切“不良”念头。为表决心，她在淘宝上买了一双跑步鞋，把订单页面发到微信上，“鞋一到就开始跑步！”

“为什么一定要等这双鞋？穿别的鞋不能跑步吗？”一位朋友在下面说。

“我做一些准备啊。”北北有点心虚地回复。

“你是要减肥还是要嫁人？还要做个准备？”朋友一点也不客气。

北北当天就开始跑步，穿着她常穿的那双板鞋。

第二天，看到北北微信的同事说：“你抽屉里那些咖啡啊糖啊，反正你今后也不吃了，全分给我们吧。”

北北一听就肉疼，那些零食可都是海淘的，价格高不说，全都是好吃的，她还想留着给自己当奖励呢。同事问：“怎么，你还准备留着？”北北下定决心，拿出零食全都分给同事，一袋也没留，还把淘宝上的零食店收藏全都清空了。她知道，决心这种事，一旦到了明天，就再也不是决心了。

靠着北北的努力和朋友们的监督，她彻底地告别了不健康的生活，饮食节制作息规律运动适度，最近，甩肉成功的她还报了个健身课程，准备系统地塑造一下自己的曲线。至于那些她曾经以为根本离不开的垃圾食品，她已经好久不曾想念，现在的她更喜欢研究厨艺，在家里做一些健康美食。

一鼓作气，再而衰，三而竭。这是老祖宗留下的智慧。打铁趁热，趁着决心高涨的时候，及时开始行动，不要想着做什么准备，决心不需要准备。如果你有了决心还要等明天，这决心多半无法贯彻；如果等后天，这决心明天就会被你忘了；如果还要等到几个月以后，这决心还不如没有。决，就是当机立断，就是要避免拖拖拉拉。

以下三个措施可以促进决心的实施：

1. 时时提醒自己

把决心写在纸上、手机屏幕上、电脑屏幕上，总之，写在任何你一眼就能看到的地方，时刻提醒自己该做什么，不该做什么。这种标语应该简明扼要，不要写大段大段的名言，只要言简意赅的几个字就够了。让它们像口号一样鞭策你，让你不敢越雷池一步，要的就是这种效果！

2. 找个得力的监督者

这个人可以是你身边的亲人、朋友、同事，他 / 她个性严肃，有监督者的基本素质，会毫不留情地斥责你，不会因为你撒娇而心软。有了这样一个监督者，你就像孙悟空戴了紧箍咒，随时都可能有人对你念咒。在“唐僧”旁边，你还敢松懈吗？

3. 心理暗示

这是颇为有效的疗法，每天睡前吓唬自己一回，“再玩下去就失业了”、“再胖下去就找不到男朋友了”、“再买买买就要吃土了”……类似的暗示可以让你更加意识到沉迷某种事物的危害，让你在玩玩玩、吃吃吃、买买买之前突然警醒，有效克制你的欲望。

下定决心，就不要瞻前顾后，你的生活，应该由你自己做主！

沉迷戒断疗法 2：离得越远越好

沉迷的人最缺少什么？自制力！

少数人立长志，多数人常立志。在二十几岁还沉溺于虚拟娱乐的人，十有八九是常立志型的，没有人愿意相信他们的决心，那些美好的计划、激昂的口号，都只是说说而已。所以，要从根本上认识到决心的重要。这个时候不要再想着对自己好一点了，快对自己狠一点吧！

小张是个游戏迷，在游戏中，他也算个人物，粉丝不少，兄弟众多，经常被人“大神”、“大神”地叫，他难免飘飘然。大三那年，他回过神来，发现自己在游戏上花费的时间太多，眼看身边的同学考研的考研，实习的实习，他的成绩还在及格线上晃悠，就连英语四级都没过，他终于醒悟过来。再高的级别也换不来毕业证，再好的装备也换不来好工作，他还做什么大侠，赶快去图书馆自习吧！

小张不止一次想要戒掉游戏，有一次还真坚持了半个月，他认为自己“略有小成”，就上去“放松一下”，这一放松，又让他找回了“笑傲江湖”的快感，又开始天天泡在游戏上。每当他想要戒掉，总会想到“公会还有个重要任务”、“我那个装备就差一块石头”、“兄弟给我打电话催我”等原因，他总是戒不掉。

这一次，小张请自己的女朋友小雨代为监督。小雨对男友沉迷游戏早已深恶痛绝，恨不得他从此改邪归正成为有志青年，至少也要把四级过了！她再三问小张：“你真的要戒？你确定要我帮忙？”小张郑重地说：“只要能戒掉，你做什么都行！”

隔天小张就后悔了，小雨太狠，把他的装备都卖了，好友全删了，还写了张“江湖不见”的告别书，说自己“金盆洗手”今后要以学业为主，不再踏进服务器一步，请江湖朋友们作证！那些装备不知花了小张多少时间才弄来，他在电脑前差点哭了。更惨的是，小雨不了解行情，全部跳楼价甩卖，简直血本无归！但有什么办法呢？话是自己说的，他总不能分手吧？

当晚，小张无可奈何地去了图书馆，和小雨一起上自习。他不可避免地想到了自己今晚本来要和人组队刷一个副本，又想到自己的装备全没了，还刷什么副本，去了也是被副本刷。这样一想，他也就定了心。一连几个晚上，小张反反复复被折磨着，时间长了，他也就忘了江湖旧事，专心背那些他不太熟悉的英语单词。半个月后，他又忍不住想上一下自己的号，发现小雨把他密码改了，他根本上不去。这一次，他彻底死了心。

一年后，小张不但顺利通过了英语四级考试，还找到了不错的实习单位，因为有干劲又用心，带他的领导已经透露了将他转正的意思，不过在此之前，他还要拿到一个资格证书。现在的小张根本不惧怕考试，立刻买好教材叫着小雨去图书馆。如今他倒是可以不时去游戏上溜达一圈，他再也不会用大量时间打游戏，他依然是江湖上的传说——一个励志传说。

但凡下定决心却不能执行到位的人，原因只有一个——决心还不够坚定。真想戒掉一件事，一定要在源头处戒断，而不是嘴上说说，心里想想。像游戏这类有形爱好，只要能远离电脑，远离手机，很快就能从心理上戒掉。

你也许听说过有一种专门的学校，治疗上网上瘾的少年，这些学校的基本做法也不神秘，就是让学生远离网络。先让眼睛、手、身体离开网络，再逐步让心思回到正常生活中。自制力差的少年容易上瘾，一个成年人理应靠自己的克制力，远离成瘾症状；通过自我矫正，找回正常的生活状态。

所以，不论让你着迷上瘾的东西是什么，当你想戒掉它，你最应该做的事就是远离，能离多远离多远，千万不要把它放在身边挑战自制力，你的自制力没那么伟大。同时，应该找其他事物分散注意力。专注某一工作或学业，并有具体目标时，人的注意力很容易集中起来。总之，让自己忙碌起来，一切都会变好。

沉迷戒断疗法 3：千里之行，你先迈一步

小付今年读研一，他的学业比较顺利，成绩中等偏上，生活四平八稳。他是一个游戏爱好者，每天要用大量的时间玩各种手机游戏。看到有什么新游戏，总要下载试一下，不合意就删掉。人们问为什么总在玩游戏，他说：“没什么事做，不想让手闲着。”如果继续问学业忙不忙，他会说：“功课挺紧的，但我不太感兴趣，还是想

打游戏。”

小付并不是不知道时间的重要，他也想过戒掉手机游戏，做一些更有意义的事。可是该做什么呢？他始终没想好。所以，他继续玩着他的游戏，应付着功课，浪费着时间，每当有人试图提醒他，他还是那句“我不太感兴趣”。如果问他：“你只对游戏有兴趣吗？”他会说：“对游戏也没兴趣，但总比闲着好。”

从小付的态度上，似乎游戏对他并没有什么影响，只是一种课外娱乐，但是，一个学年结束后，他的同学有些得到了出国留学的机会，有些得到了导师的课题推荐，有些已经准备提前毕业，而他还在不紧不慢地打着游戏，那些本来可能属于他的机会，就这样被他错过，再也回不来了。

小付的情况，是娱乐沉迷者的另一种状态，这种状态看似少见，其实很普遍。有些人会为了“不让手闲着”而玩一些游戏，他们看似并不上瘾，随时都能放下，其实这些游戏已经成了他们生活的一部分，甚至一种寄托，寄托他们无聊而空虚的心灵。他们看似没有耽误正事，却在不知不觉中消磨着青春，他们本应该做得更好，走得更远，却在日复一日的疲软中成了碌碌无为的人。

对那些自制力欠佳的人来说，沉迷娱乐的危害是显性的，可见的，下定决心是能够改正的。

对那些空虚的人来说，沉迷娱乐的行为是隐性的、无知觉的，他们甚至不觉得有改正的必要。

隐性沉迷比显性沉迷更危险。

及时察觉沉迷状况，不论显性还是隐性。然后，下定决心根除这种沉迷。首先要给自己找个目标，人的生活总要有个目标，不然就会落入空虚，空虚的人自然就要娱乐，越娱乐越空虚，于是更加离不开娱乐，因此，人们才会陷入不良循环之中，不得脱身。有了目标，即使戒断途中难免出现怠惰，还可以用既定目标激励自己。

人难免有空虚心态和迷茫状态，做点有意义的事，才能走出迷雾。倘若暂时找不到大方向、大目标，不妨把目标定在身边、手头的小事上，做好一件本来做不好的事、研究一门学问、培养一个爱好甚至养一盆花草，都能让人分散注意力，取得成就感。小目标实现得多，自然就会有更大的目标。

目标和行动必须结合。千里之行，始于足下，不论你想做什么，必须马上就做，哪怕只迈最微小的一步，也是进步。不要等待所谓的时机，时机只给准备好的人，你现在就要做准备。总之，如果你不满意沉迷于某种事物的自己，今天就应该努力生活。

第二章 经常牢骚满腹，是对生活的不负责

满腹牢骚的人让人厌烦，他们没有目标没有计划，每天只知道拆分生活，从各种琐碎中寻找不快活，唠唠叨叨，自己不开心也不让别人清静。人们看到的不是他们的委屈，而是他们对生活的不负责。

改变生活状态，你需要多多补充正能量。不论曾经和现在的生活给了你多大苦难和压力，未来还在等你。学着改善自我、稳定心态，你也能成为一个快活的人。

牢骚的人什么样？孔乙己加上祥林嫂

你身边有没有这样的人？

他们看上去很普通，又有一点小才能、小聪明，至少有一点引以自豪的特点；他们的脾气还不赖，很好说话，托他们办事多半会答应；他们不太爱出风头，对出风头的生活有点向往；他们常常语重心长地拉住你，说一些人生经验教训，让你引以为鉴；他们一般不得罪人，有意见很少当面说，默默忍着……

他们最大的特点就是爱发牢骚。

他们认为自己怀才不遇，经常抱怨工作不适合自己，环境埋没自己；

他们吹嘘自己有过很好的机会，可惜因为某某原因而放弃，于是，“当时我如果……现在……”

他们的眼睛总是盯着小事，把小事无限放大，说个没完；

他们希望被人当作“好人”，但帮人做事时，又忍不住抱怨；

他们性格软弱，不敢当面与人争执，只在背后默默唠叨；

他们特别爱和别人说自己的“不幸”，希望得到别人的同情；

他们比一般人更要面子，别人无意中说的话，有时也刺痛他们的神经，让他们气愤；

他们对所有事都习惯性地挑剔一番，抱怨几句；

你身边一定有这样的人，他们时而像孔乙己，告诉你“茴字有四种写法”，时而像祥林嫂，反复唠叨自己的不幸。他们既自负又自怜，一边向身边的人显摆自己所谓的能力，一边又希望得到身边人的同情。他们整天不是唉声叹气，就是抱怨连连。

和他们共处一室，你会觉得空气都是低沉的，心情也是发霉的，即使有什么好消息，也会被他们丧气的言语冲散。他们从不积极地面对什么，主动地争取什么，他们等着、盼着、哀叹着机会为什么不降临到自己头上。和他们在一起，你感受不到任何正能量，你只是他们的垃圾桶，专门装他们倾诉的那些毫无营养的经历。

他们每天的心情都不好。总有事情让他们烦恼，就算没烦恼，他们也要自己找一个来烦一烦。似乎烦恼才是他们的主业，叹气才是他们的呼吸方式。国家大事、国民经济、足球网球、广告商品、歌星影星、正餐快餐、运动休息、超市打折、公交堵车、同事升迁……所有大的小的和他们完全不相干的事，只要他们看到听到，就都能结合自己的经历烦恼一番。

他们担心的事很多很多很多。担心自己的工作做不完，担心别人的工作做不好拖累自己，担心上司看不到自己的努力，担心自己没有学到有用的东西，担心别人学走自己的创意，担心同事对自己有意见，担心老板决策失误，担心公司倒闭，担心行业前景……关于生活的担心，更是无所不包。其实，他们连自己的本职工作都还没做好呢。

他们不满的事多得说不完。邻居家一声狗叫，同事的一个呵欠，只要他们心情不好，就都成了不满的理由，需要唠叨几句。偏偏他们的心情很少有好的时候，他们总是沉浸在对过去的怀念和对现实的不满中，把现实和幻想不断做比较，挑剔现实的种种“不好”、“不对”、“不合理”、“不舒服”，却不知道最让人不舒服的，其实是他们自己。

你身边一定有这样的人，你安慰过他们，鼓励过他们，帮助过他们，可是他们不太领情，依然我行我素，继续满腹牢骚。你终于忍无可忍，抓着个朋友一股脑儿地倾诉他们有多么极品，多么令人不快，倾诉这样的环境给你的心灵带来的伤害，倾诉你每天都被折磨，倾诉你的不幸……

等等，牢骚的人怎么变成了自己？

是的，当你不得不忍受别人的牢骚时，也要及时反思自己是否也和他们一样，也许，你早已是别人心目中的祥林嫂，快检查一下自己最近的状况，看看你是不是也感染了抱怨病毒，整天牢骚个没完。

牢骚关键字：不满、烦、讨厌、受不了……

想要查看自己是否被牢骚大神附体，有一个最简单的办法。拿个小本子，记录下自己最近的口头禅，如果发现“讨厌”、“烦死了”、“受不了了”这一类的牢骚词频繁出现，恭喜，你离人见人烦的境界不远了。也许，你已经成了一个万人嫌的牢骚鬼。

珊珊有种感觉，她的朋友似乎越来越少了。

珊珊是个脾气不错、长相舒服的姑娘，她的开朗个性为她带来了很多朋友，看看她的微信分组，就知道她的人缘有多好。在大学里，她和宿舍的人，和班上的同学，和系上的朋友，甚至学校的很多干部都走得很近，大家都喜欢她的爽朗和幽默。工作后，他们依然保持着良好的关系，同城的朋友还会经常性聚一聚。

不过，这半年，珊珊发现主动和她联系的人越来越少，她主动联系别人，大多得到“正在忙，下次再说”一类的回复。起初，她以为工作一两年后，朋友们疏远是正常现象；接着，她又认为大家的确都忙得很，没空聊天。再后来，她发现以前的朋友们仍然在聚会，只是很少有人叫她，她心里很不是滋味。

珊珊实在想不明白，就对一个老朋友抱怨这件事，老朋友沉默地陪了她大半个钟头，看她敲出的长篇大论，最后将那些长长的抱怨复制给她，对她说：“你自己看看吧，现在你和人说话，总是一大堆抱怨，抱怨上司抱怨同事，大家劝你一次两次还行，谁愿意每次都听你的抱怨呢？你以前很少抱怨，现在好像变了一个人。”

珊珊恍然大悟，原来这才是她被疏远的原因。

珊珊翻开近一年和朋友们的聊天，果然，从前的问候、玩笑、有趣的分享都没了，都是她在单方面地抱怨，说她有多么不喜欢现在的工作，上司对她多么不公平，她有多么委屈。珊珊看着看着，忍不住流下冷汗，别说别人，就连她自己，看到这大段大段的抱怨，都觉得脑袋疼。难怪别人躲着她。

那个晚上，珊珊第一次检讨自己，不只检讨自己对朋友的态度，更重要的是检讨自己的工作态度和为人处世的态度。抱怨能够帮她解决工作上的瓶颈吗？抱怨能让她的上司不挑毛病吗？抱怨能让她的同事不再针对她吗？显然不能。她找朋友们抱怨，固然抒发了一时的怨气，却对改变现状没有任何帮助。

珊珊决定从明天开始，减少抱怨，杜绝牢骚，她暂时屏蔽了亲朋好友，以免自己忍不住找他们诉委屈。她要从根本上改掉这个毛病，接受环境，锻炼自己的能力。带着这样的构想，珊珊睡了一个安稳觉，第二天，活力充沛地走向公司。

为什么牢骚的人讨人嫌？

从表面上来看，他们的唠叨影响了他人的心情。现代社会，每个成年人都有很大的压力，都需要排遣和发泄，也需要相互安慰和相互扶持。一对朋友互相说说生活中的糟心事，相互劝勉一番，双方都能打起精神。但是，倘若一方不间断地发泄，另一方长时期被迫倾听，日子久了，友情的小船早晚因为失衡而翻到水里。不是朋友无情，是你自己太没分寸，根本不考虑对方的感受。

从实质上看，牢骚是在掩盖无能的本质。能够解决事情的人，不会长时间地发牢骚，有那个时间，他们会想尽办法攻克难关。只有那种无法战胜困难，却又不甘心失败的人，才会没完没了地发牢骚。这样的人当然会引起别人的厌烦。碍于情面，别人不会直截了当地说："你自己没用，抱怨别人做什么。"起初，他们也许会同情你的遭遇，理解你的失利，甚至想要帮助你。但是，在你无止境的唠叨中，他们渐渐改变了自己的判断，认为理解你和帮助你都没有什么必要，他们只会认为一个牢骚的人就是一个没用的人。

想要避免这种判断，就要警惕自己的牢骚行为，从口头禅开始警惕！何必整天把"烦"、"受不了"挂在嘴边，让所有人分担你的负面情绪？将心比心，你希望身边有这样一个人吗？当你懂得为别人着想，也懂得经营自己的形象时，你就会主动收起抱怨，专心致志地做自己该做的那些事。这个时候，人们都会认为你是一个务实、不抱怨、有长远发展的人，你会明显地感觉到，越来越多的人开始尊重你，欣赏你。你的口头禅，也变成了"好"、"放心"、"没问题"，这才是最理想的人生状态！

负责的人，不被情绪左右

避免抱怨，减少牢骚，能让我们的生活更加明朗，更有活力。有些人矫枉过正，提出“零牢骚”，想要全面杜绝生活中的牢骚，这样的口号有些不近人情。牢骚是什么？是情绪的发泄。一个人只要还有情绪，就不能完全避免牢骚，圣人尚且抱怨天命不公，何况我等凡人？所以，我们无须害怕牢骚，只要控制得当，偶尔发一点小牢骚，无伤大雅。

控制的关键是什么？在于了解自己的责任。一个人的责任有大有小，只有承认它、承担它，才能在完成任务的过程中，不怕困难，不怕麻烦，不发牢骚；相反，一个不负责任的人，总会被情绪所左右，高兴的时候斗志昂扬，低落的时候满腹抱怨。而这种情绪不稳定的人，是不能承担大任的。所以，当领导者的人大多四平八稳，不露情绪，就是这个道理。

蒋兰早就听说过，好脾气的人倘若发起脾气，没人劝得住，她一直不太信。直到高三那年，脾气超级好的老班主任拍着桌子骂他们耽误时间，不够努力，整整骂了两节课，没有一个学生敢吱声。

平日，班主任和学生们说说笑笑，两年多以来从没说过重话。谁想到这样的老师能有这么大的火气，学生们全被吓着了，那几天甚至不敢正面看老师，老师也不给他们好脸色。从此蒋兰明白，脾气再好的人也有脾气，只看他们愿不愿意发。

这件事给蒋兰留下了很深刻的印象。不论上大学还是进公司，她都尽量察觉他人隐藏的情绪，这给她的生活带来了极大的方便。当别人情绪不好时，避免争执说说笑话开解；当别人情绪非常好时，求人帮忙事半功倍。蒋兰发现情绪有一个“初始化”过程，不会一开始就爆发，而要经过一定时期的积累，到一定程度，破坏力可大可小。

蒋兰还发现，越是负责的人，越不会乱发脾气，更不会轻易表露负面情绪。负面情绪一旦表达，就是弱点，就显得自己不够沉着，给周围的人带来不良印象。当蒋兰懂得这些事，她也开始学着控制情绪。也因为她很会照顾他人的情绪，她的人缘一直都不错，尽管没有多少领导才能，领导也愿意提拔她。

蒋兰把自己对于情绪的观察概括为三点：

每个人都有自己的情绪开关，有些人的开关暴露着，随时可能被人按下；有些人不动声色地将开关藏起来，避免生活遭到情绪的破坏。

情绪是情商的指标，能控制情绪就是情商高的最显著表现。

情绪管理越好，生活就越好。

看上去很教条很废话？这可是蒋兰的多年经验。她现在在一个出版社当编辑，专门应付那些情绪化的大作家、大画家、大摄影家，越是问题人物，她交流起来越是得心应手，主编总把重要任务交给她，那些大才子们也喜欢她，她催稿的速度比别的编辑快一倍。

她只有 25 岁。

负责的人，不是没有情绪，而是不能被情绪左右。

故事中的蒋兰显然是个爱思考的姑娘，从一件小事发现了情绪的秘密，进而掌控了自己的情绪，掌握了和他人情绪友好相处的方法。情绪不可避免，我们要学会的是控制。那些胡乱发泄情绪的人，大多没有过于强大的责任感，不计较后果，自然敢发脾气。不过，情绪的最大受害者其实是他们自己。

对生活产生不良影响的是人的负面情绪，愤怒，失望，抱怨，不满，自卑，焦虑，急躁，不安，恐惧，这些情绪有一样在你的大脑中占据了主动，你的生活就别想安宁；要是多加几样，你基本不会有好心情；要是完全被不良情绪控制，你的未来一片黑暗。所以，为了自己，必须学会控制情绪。想要控制情绪，首先要杜绝以下三点：

1. 想太多

很多负面的事都是自己想出来的，人们未必有塞翁失马的智慧，却常常有塞翁式的担忧，总是担心会发生什么不幸的事。人们没有防微杜渐的眼力，却常常有一惊一乍的行为，总是担心不必要的小事。担心多，烦恼就多，心情就沉重，生活就不满，情绪起伏随之加大，接下来就是失控。

例如一个人生性敏感，他会因旁人的一个眼神，一句无意的话，一个动作，而在大脑中萌生很多猜测，而且大多是负面的。他会从眼神里看到蔑视或企图，从语调里听出不满和挑衅，从动作上看到敌意和威胁，真是越看越不安，越看越害怕。其实，人家可能根本没留下关于你的任何印象！可见想得太多，就会滋生不必要的情绪。头脑的确应该经常活动，我们要的是思考，不是多疑。

2. 说话做事不经大脑

情绪化是不成熟的显著标志，情绪化经常耽误正事，谁都知道这个道理，却还是任由脾气爆发。说话做事不肯考虑一下，脱口而出，任性妄为，还以为这是个性和潇洒，真让人无奈。当发脾气的人看到严重的后果，也暗暗后悔，可惜下一次还是不长记性，在一块情绪石头上一次次跌倒，早晚有一天会爬不起来。

这类人的成熟需要强制，三思而后行应该是他们的座右铭。强迫自己在做任何事和任何决定以前，都停下来想一想前因后果。特别是想发脾气的时候，更要压下火气想一想这场火发了后谁来灭。慎重也可以成为一种习惯，说话做事慎重，情绪就不会作乱。

3. 把希望寄托在别人身上

人们经常会对他人产生情绪，那是因为他们把希望寄托在他人身上，却发现他人既不领情，也不按照他们的想象做事，有时还惹自己生气。这种幻灭最容易产生抱怨，又在抱怨基础上滋生各种负面情绪。但是，每个人都有自己的人生，谁也不比你轻松，有什么义务哄着你？顺着你？

每个人都必须对自己负责，管理情绪是自我管理的重要部分，不要寄望别人的帮助，谁也不能钻进你的大脑。从小事开始学着自控，学着和睦，学着压下脾气就事论事，你会发现与情绪相处也有窍门。控制情绪的关键是忍，忍一时之气，免百日之忧。为了你的未来，现在就和你的坏脾气和小心眼儿谈谈话，你会发现控制他们并不难，毕竟，你才是主人。

学一学，大师的好性格

美国司机丹·沃舍尔家住波士顿，他可不是一个普通的司机，他开车接送的都是诺贝尔奖获得者，能得到这个工作，让44岁的他十分兴奋，不亚于天上掉了馅饼。

这份工作的确有很大的偶然成分。美国的诺贝尔获奖者非常集中，基本都住在哈佛或麻省理工。波士顿自美国建国就是个注重文化的城市，政府实行了一个学校访问计划，邀请这些诺奖得主定期去当地高中和学生见面，并回答他们的一些问题。这种互动有助于知识的传递和学生们的进步。这些得过诺贝尔奖的美国学者很希望能让更多人受益，他们愉快地答应了。

丹·沃舍尔被指定为这个计划的司机，负责接送这些学者。这不仅因为丹开车技术好，性格不错，还因为并没有上过大学的他，一直勤奋自学，一路拿到博士学位。负责人相信这样一位司机，不会让诺奖学者们觉得无聊。丹也为这份工作兴奋不已，要知道，今后他要经常性地接触那些世界顶级的学者，可以和他们在车内相处几个小时！想想都像做梦。

丹做好了一切准备，比如，也许这些学者眼高于顶，根本不跟他说话；也许这些学者性格古怪，很难接触；也许他们不会回答他的问题，甚至斥责他。但他不会错过这么好的机会，他尽量了解这些学者的学术成就，为的是和他们有话聊，也为了他们愿意解答他的一些疑问。要知道，得到这些大师们一句指点，也许比他看一整本书都有效。

令他惊讶的是，他担心的一切都没发生。他接送了几十位大师，几乎每个人都很谦虚，没有任何架子，甚至拒绝他称呼他们为“教授”、“老师”，他们会像朋友那样与丹交谈，对丹提出的疑问，也愿意尽力解答，给了他很大的帮助。丹从惊讶到习惯，最后终于明白，看来，大师之所以成为大师，和性格也有很大的关系，倘若他们也和多数普通人一样，为鸡毛蒜皮的小事计较不停，他们还有那么多时间一心研究学问吗？

性格好的人，人生会更顺利。他们的平稳避免了在人际中颠簸和损伤，他们不会为烦心事抱怨，不会因负面情绪浪费太多时间，这种性格甚至会吸引很多优秀的人与他们交流。这种性格好并不是指脾气温和，而是指心中有目标，对人想到宽容，不随便散发负面情绪。司机丹·沃舍尔遇到的诺奖得主们，未必没有各种性格缺点，但他们平易近人，不把自己的成就当回事，所以显得可敬。

那么，作为一个社会新人，我们需要从哪些方面入手，培养自己的好性格？至少要做到以下六个方面：

1. 举止稳重

轻佻的举止会为你带来恶评，稳重的气质则让你得到信赖。尽量避免学生时代的幼稚举动，杜绝大呼小叫，尊重你的工作环境和你周围的人，时刻保持礼貌和谦虚。也许你的心智尚不成熟，但行为上的稳重可以迅速规范你的思想，让你能够融入社会。记住，欠成熟的人得不到信任，轻佻更是会失去人们的尊重，在哪里都一样。

2. 避免虚荣

年轻人是最希望受到重视的一批人。被夸奖会喜形于色，得到成绩会到处炫耀，如果没有被夸奖，还没得到成绩，也要在言谈服装爱好上尽量独树一帜，让人注目。这种不甘寂寞，是虚荣心的折射。旁人会客套地表示羡慕，内心却不以为然，甚至认为他们沉不住气，成不了大事。虚荣的直接危害是让人死要面子和过度消费，长远危害则让人肤浅，易受诱惑。必须避免虚荣，在一生最好的时候，要做的是奋斗而不是炫耀。

3. 不幻想

每天幻想着未来的一切，美好的生活，浪漫的爱情，如日中天的事业，想得多了，就会沉溺其中，变得不现实。把自己当成一个幻想中的成功者，埋怨环境埋没了自己，甚至看不起那些微小的机会，认为自己只适合做大事。越是幻想越不肯踏实，越无可救药。认清现实，你只是一个需要奋斗的小员工，你的未来来自双手，而不是做梦。

4. 不乱发脾气

乱发脾气的人令人头疼，仿佛全世界都有照顾他们的义务，所有人都应该顺着他们，否则就要被他的怒火波及。社会人不轻易与人争吵，对这样的自我为中心患者，大多容忍一下，从此躲着走，以致他们的自我感觉愈发良好。这也只是说明他们缺少做人最基本的修养和最基本的社会经验。记住，在所有不成熟的行为中，发脾气最容易引发人际矛盾。你发一次脾气，就会给人以不成熟、没礼貌、不可靠的印象，甚至还可能让人怀恨。

5. 不狭隘

如果你进入社会还不懂求同存异，进入职场还不知退一步海阔天空，与职场中人交往不知换位思考，那你注定要比别人交更多的学费。社会和职场充满竞争，任何人的道路都不会平坦，人与人的摩擦每天都有。如果你心胸狭隘，你的时间就会被这些摩擦占满；相反，如果你懂得宽容，你周边的气氛会非常融洽，也更容易获得好人缘。不要小看人缘，它不知会为你节省多少力气。

6. 知错就改

犯错误可以原谅，屡次犯同样的错误不可原谅。出了错，推卸责任者让人鄙视，不总结经验者难以进步，再犯一次的人被人当作傻子，一口咬定自己没错、下次继续这么做的人不可救药。每一位新人都可能大错小错不断，但从错误的重复率上，就能推断出他们未来的发展。那些真正能够改正的人，犯的错越来越少，这时，他们已经通过了考验，升职的机会到了。

做到这六点，你会有一个比较融洽的工作和生活环境，你的能力会不断进步，你的人际关系很少出现紧张状况，你的心情也会一直平稳松弛，没有大起大落，更不会充满琐碎的抱怨。也许你还没能获得诺贝尔奖，但你已经成了一位生活大师，让身边的所有人羡慕。

酒香需要沉淀，心香需要安静

每一天，我们要面对各式各样的嘈杂：

早晨，我们被闹钟或隔壁的声音叫醒，窗外已经有人在晨练、在买早餐、在赶班车。

走出家门，我们面对车水马龙，无数人踩着急匆匆的步子奔向他们的目的地，人声和车声交织，你也只能在人流中按照自己的路线尽快行走。

到了公司，打卡机的声音、同事的声音、领导的声音、客户的电话声、同事敲打电脑的声音，一刻不停，就连冲泡咖啡的水声，都带着焦灼。

下班，你依然要面对拥挤的人流，也许还要去更加吵闹的应酬场合。

终于回到家，你还要打开手机检查一下今日的工作、确定一下明日的行程，楼上楼下传来脚步声和说话声，你的墙壁无法把外界的声音都挡住。

躺在床上，你还能听到小区里的人声，远处马路的鸣笛声，除非到了夜深人静的时刻，不然你休想感受到安静……

每一天都面对如此嘈杂的生活，日积月累，人怎么会没有情绪？怎么可能完全不抱怨？所以，对日常生活的厌倦是正常心态，谁能每一天都兴高采烈地过发条一样的生活？

但生活就是如此，没有人的生活每天都有惊喜，每天都一帆风顺，所有人都要面对琐碎、面对庸俗、面对吵闹，这个时候，学着让自己安静下来，是保持良好心性的关键。这种心性又能反过来让人看到生活中简单、美好、生机盎然的一面。

在闹哄哄的酒吧里，人们只顾着热闹，很少有人能品味出杯中的酒香，那些上好的酒就这样被浪费掉。想要真正品尝酒的味道，还是需要在人少的地方，或者自己，或者与三五好友一人一小杯，慢慢喝，细细品，陈年的果香和涩味一起留在口腔，回味悠长，这才是品酒。

人生也是如此。只顾着参与闹哄哄的生活，和旁人一起大笑大叫，固然有一时的欢乐，却免不了混淆了人生的真味。而每天沉浸在琐碎的生活细节中，嘴上或心里抱怨不停，更是错过了人生的味道。只有那些懂得安静下来，独自阅读一本好书、听上一段音乐、跳一支舞、烹一道茶、插一瓶花、小酌一杯酒的人，才能感受到生活的香味，心灵的香味。

酒香需要沉淀，心香需要安静。想要抱怨的时候，想摆脱琐碎庸俗的时候，不妨做一些能让自己静心的事，去那些能让自己静心的地方，和那些让自己静心的人聊上几句。当你安静下来，那些琐碎的事物也不再像尘埃一样漫天飞舞，而是静静落在地上，远离你的目光。这时，你会觉得岁月静好，人生美满，再也不想抱怨。

关于挫折，结论不能下得太早

每个人都会发牢骚，特别是遇到挫折的时候，难免埋怨自己不够努力、上司指令有问题、同事不够给力、时机不对、对象不好、环境不合适……换言之，人们总要为挫折找一点借口，给自己搭一个台阶，或者用自嘲排遣心中的郁闷。

大多数的牢骚都来自挫折，人们因挫折而定义自己，说自己运气不好，说自己性格不好，说自己能力不足，于是，抱怨挫折变成了抱怨自己，抱怨自己又变成抱怨环境。牢骚者时而肯定自己，时而否定自己，在这些摇摆的话语中，自信正在远离，失败的阴影正在扩大，有多少满腹牢骚的人，最初只是个认真的、偶尔抱怨一两句的奋斗者？当他们不能把握牢骚的尺度，当他们不能看清挫折的本质，他们的人生轨迹悄然改变。

小秋大三那年，对小语种有了兴趣。她决定报个西班牙语学习班，让自己多一项技能。她自己给自己分析，现在的就业趋势这么严峻，多学一门语言，就多一个机会，也许她还能因此取得留学的机会，她越想越美。不过，小秋家境一般，还有个弟弟在读高中，家里可没有多余的钱给她。好在她平日节省，还把奖学金攒下来，交完语言班的学费，存款还有剩余。

小秋兴致勃勃地开始了她的西班牙语言之旅，上了两堂课她傻眼了，这个语言班的老师是个中文不灵光的西班牙大龄留学生，根本不会教学生，除了能陪他们练练口语，干不了更多的事。一同去学习的人要么不来上课了，要么联合起来向学习班抗议，要求换老师。学习班的负责人说，初级班只需要他们掌握标准的基本口语，中级班和高级班的老师都是正规的西班牙语言教师，还给他们看那两位老师的资历。

明知道学习班策略狡猾，学生们毫无办法，只能硬着头皮学完初级班，再报中级班。这一下，小秋的存款全都空了，还向同学借了不少钱，每天吃最便宜的饭菜，省下生活费一点点地还。那段时间她的心情糟透了，有时间就骂学习班太不负责任，骂自己脑子进水。但学费交了还是要继续学，她化悲愤为力量，发狠学习，进步飞快。

中级班的课程持续了半年之久，老师也不错，小秋的语言水平也有大幅度提升。这一天她看到学习班的官方网站上招聘初级西班牙语教师，她灵机一动，跑到负责人的办公室，提出自己可以当初级教师。她是语言班的佼佼者，又拿到了证书，负责人前后一想，决定让她当助教带小班。

小秋大喜过望，当助教虽然辛苦，但她拿到的工资可以继续支付高级班的学费，而且生活费也宽裕了。她突然觉得自己的前途一片光明，等她在高级班毕业，也许可以自己开个学习班，她越想越兴奋。看来，她不是摔了个大跟头，而是得到了一个大机会。

人们的牢骚的起因绝大多数是挫折。人生大小挫折不断，有的人咬着牙消化掉，有的人找人倾诉几句求个心理平衡，也有人耿耿于怀，总是忘不了。前一个挫折还在折磨自己，后一个挫折随后就到，悔恨、恼怒、自责等情绪一再积累，终于变成了抱怨，埋怨完自己再埋怨他人，继而埋怨环境。“倒霉，倒霉，我怎么这么倒霉”，你也许经常听到这句话。

故事里的小秋有很多理由抱怨，被骗了要抱怨，被骗导致的生活拮据要抱怨，心情不好当然也要抱怨，这都是正常的抱怨范畴，只要不过度，可以当作一种有益的发泄。小秋的成功之处在于她除了抱怨，还懂得思考。她知道如何止损，如何权衡，而且目光还很长远，最重要的是，她并没有因为连续的挫折而选择放弃。因此，她在挫折中迎来了转机。

失败是成功之母，这可不是名人发明出来安慰失败者的名言。多少人可以印证这句话的正确？爱迪生，实验上千种材料发明了电灯；林肯，遭遇一连串人生失败最后当了总统；J. K. 罗琳，一个靠救济金生活的单身妈妈，五年时间才写完一本《哈利·波特》……这些人大起大落的经历明明有极大的说服力，就是有人不相信。

人与人的分界线就在于此。同样面对挫折，有的人想的是补救，是做得更好，于是他们充电，他们花费更多时间，他们不放弃；另一些人怀疑自己，止步不前，被失败压得喘不过气，于是不停发牢骚。把时间花在了完全不同的地方，当然就会有完全不同的结果。

不要因为一两次挫折，一味发牢骚。牢骚，是你对事情下了最终结论，是你给自己定了性。你以为你在诉说个人委屈和苍天不公吗？你说的是：“我是一个失败者”，“我没有能力弥补错误”，“我以后也不会成功”，“我唯一能做的就是发发牢骚”。

不要那么早对一件事下结论，就意味着还有机会。即使在绝境沙漠中，只要不放弃行走，就有可能找到水源。生命安危如此，安全的日常生活更没有让我们提前放弃的理由。面对挫折，尽快寻找原因，将事情继续向自己的目标推动，前路还长，转机正在等你。换言之，不必把挫折当作失败，把它当作成功路上的考验，我们都应该做一个勇士。

正能量补充法 1：扔掉扔掉，见鬼的受害者心态

有段时间，松松几乎浸在苦水缸里，见了谁都要抱怨一番。她抱怨的事很多，总结一下，主要有三个：

一是关于房子。父母本来有两套房子，却在房市低迷的时候，怕损失大贱卖了一套，结果后来房市大热，房价翻了几番，松松家悔不当初。松松总是说，想当年父母不卖这套房子，至少能供她留学，或者给她做个婚房。现在呢，父母最多给她个首付，剩下的钱，她要自己拼死拼活，每月还银行贷款。

二是她的专业选择。当初她本来想学一门自己喜欢的文史专业，偏偏家人们纷纷怂恿她报考热门的电子商务，她没了主见，最后填报了这个专业。等她毕业的时候，这个专业已经成了明日黄花，不论考研还是就业都不吃香，她想起来就抱怨那些乱出主意的亲戚。

三是男朋友。她和男朋友从大二就开始谈恋爱，算来也谈了五六年，去年就开始谈婚论嫁，偏偏男友家里有个挑剔的妈，总是对他们指手画脚。松松觉得自己倒霉死了，遇到了一个多事的未来婆婆，却又不舍得和男友分手。勉强和对方父母搞关系，经常因为代沟而生一肚子气。但未来的婆婆又不是恶人，她也挑不出更多的毛病，只能忍耐。

松松认为全世界都在和自己过不去，她根本看不到生活的希望。她无数次假设如果父母没有卖房子，如果她选了其他的专业，如果

男朋友的家庭不这么麻烦，那么她就会有富裕的生活，满意的工作，建立一个美好的家庭，这种情况多么令人向往！可是现实呢？松松不禁大为恼怒，又开始抓着人吐苦水。

显而易见，这位松松小姐以受害者自居，把和她有关的人都当成加害她的犯人。可是，他们为什么要加害她？有理由吗？完全没有。特别是松松的父母和亲人，他们当然希望松松能够有富裕的生活和满意的工作，正因为如此，他们才做出了那些决定，而松松并没有反对，甚至并没有意识到有什么不妥。松松的抱怨，实在是马后炮，今后还有多少人敢帮她？

更何况，松松有很严重的依靠心理，她把自己的责任完全地推到了别人身上。富裕的生活应该靠自己努力，满意的工作应该靠自己寻找，她却一味把原因归咎为父母和专业选择失误，这不是本末倒置吗？她总是以为别人害了她，却始终没有自己的主意，就连恋爱问题都犹犹豫豫，既不想办法改变准婆媳状况，也不分手，这真的是别人的原因吗？

这是典型的受害者心态，也是满腹牢骚的人的一大特征。最初，人们都会同情他们的遭遇，觉得他们运气差，有些人甚至想帮一帮他们。但是，当同样的话重复了三遍、五遍、十遍，人们早就忘记了最初的同情，变得厌烦，甚至有隐隐的鄙视。出于礼貌，他们不便当面说："那么你为什么还有时间唠叨？你为什么不马上想办法改变现在的状况？"

是啊，你为什么还在唠叨？你为什么不赶快改变你的现状？真的改变不了吗？还是根本不想解决，认为自己一辈子就是个倒霉鬼？没有人是天生的受害者，没有那么多的人想害你，想要做个积极的人，现在就扔掉那活见鬼的受害者心态吧！

当你认为自己只是倒了点小霉，当你承认没有那么多人害过你，当你认清自己的失败，你就会发现，原来每个人的生活都辛苦，每个人都有大大小小的麻烦，谁活得也不比你轻松。你不会再不平衡；当你发现仍然有人愿意帮你，仍然有人鼓励你，你会发现人与人之间的温情是暖心的存在，你不孤独；当你节省了抱怨的时间，开始踏实工作，你会发现自己做得不比别人差，甚至比别人好，你会骄傲……

总之，想要改变现状，做比说更重要。先抛掉受害者心态，再消灭依赖心态，同时克服懒惰心态，加强进取心态，你的生活不会比任何人差！你会像一个成功者那样唠叨起鸡汤式名言："看来，'当一个人想做一件事，全世界都会帮他'，这句话是真的！"

正能量补充法 2：忘掉忘掉，不开心的都忘掉

人之所以烦恼，是因为记性太好。

你尝试过了解自己的烦心事吗？如果你拿个小本子，把从早晨到晚上想到的烦心事都记下来，你会发现很多事都与"过去"有关。过去的失败，时不时让人懊恼；过去的伤害，动不动就让人沮丧；过去发生的某件事，现在想到就后悔，越后悔越能想到；过去的某个决定，如果当时自己能勇敢 / 主动 / 干脆 / 理智一些，现在的生活是不是不一样？过去遇到的某个人，是个非常适合自己的人……

看，想得多了，什么情绪都会出现，而且大多是负面情绪。

阿莱是个平面模特，每个月有几天要拍广告照片，虽然她只是

某个淘宝服装店的“代言人”，却有不少粉丝，大家喜欢她的笑容，那笑容又开朗又阳光。很多人给她发微博私信，说着自己的伤心事，希望得到她的建议和安慰。阿莱本身是个学生，又有模特工作在身，根本抽不出回信的时间，但是，她会认真地看每一封信，她读到了很多很多故事。

故事大多是伤心的，有人惋惜数年前的一场恋爱，有人后悔曾经的一个决定，有人诉说自己被人伤害，有人讲述不幸的家庭，有人遭遇生离死别，有人说起失败，有人说自己得了抑郁症想要自杀……有时，阿莱会点进他们的微博，她发现这些有很重心事的人，并不会在微博里表露出悲伤情绪，而是只晒一些吃吃喝喝的照片，偶尔说说生活感悟。

阿莱的年纪并不大，个性比较简单，她说，通过阅读这些故事，她成熟了不少。有时候她也会想起自己的伤心事。特别是开心的时候，伤心事会突然出现在脑海里，让自己失去了心情，却也只能装作不在意，继续维持笑脸。对那些特别伤心的人，阿莱根本不知道怎么安慰，只能回复一句:“忘了吧，忘了就好了。”这是别人经常安慰她的话。

阿莱相信遗忘的确是很好的药物。在她最悲伤的那些时候——16岁的失恋、18岁的高考失败、20岁签合同时被人设计——都是靠遗忘撑过去的。悲伤的时候她不是拼命学习就是拼命工作，让自己累得没空想那些事。或者，她会去吃美食，拍美美的照片发在空间，找朋友疯玩，她还因为照片得到了自己第一份模特工作。

阿莱在微博介绍里写了一句话，希望与所有粉丝共勉:“很多人羡慕我的开心，我的开心没有秘诀。把不开心的事尽快忘掉，我们都能微笑。”

有一些人，他们并不算唠叨，平日遇到困难，他们积极解决；对待生活里的麻烦，他们妥善应付；和朋友聊天，尽量不散发负能量。但他们心中有过不去的坎儿，时不时为情绪笼罩上阴影，这时候，他们会明显地不开心，需要倾诉，一次次地说起某段不愉快的往事。旁人劝了又劝，完全没用，也不忍心苛责。他们的牢骚，不在现在，而在过去。

这种特定牢骚也会给生活带来负面影响，这种影响不是人际上的或是行为上的，主要是心理上的。放不下过去，最快乐的时候心头也会掠过阴云，快乐得不完全。因为那症结、那阴影、那伤痛，生活始终缺了一块不能完整，心灵时不时被因此而来的负面情绪干扰，哪怕只有几个瞬间，也会让人沮丧不已。

谁都有忘不了的事，如果它们成了负能量的来源，时刻阻挡你的阳光，你唯一的办法就是忘掉它们，不再让它们影响你。

例如，童年的不幸。童年是一个人性格形成的关键，童年不幸福，性格很难阳光。但过去就是过去，就是因为尝过心酸，才必须在未来尝一尝成功和幸福。不要让那些噩梦般的情绪继续干扰你，想想你现在的生活，你已经脱离了旧的环境，你已经有能力为自己争取一片天空。

例如，他人的嘲笑。人们很难不在意他人的恶意，这是对自己的否定，赤裸裸地揭开了自己的缺点。这些足以让我们对人际关系产生反感，对自我产生怀疑。但我们的生活终究与他人无关，忘记别人的嘲笑，而记住别人对自己的帮助，这样的人想起过去，怎么能不幸福、不自信？

例如，得不到的爱人。一段刻骨铭心的感情以分手收尾，多少悔恨留在心里，遇到了很多人不如当初的那一个，想到就遗憾，甚至觉得无法再爱。但是，把现在的感情与被美化了的过去对比，何其不公平？把逝去的一段永远放在心里，寻找新的幸福。一对情人之所以分手，本质原因是爱得不够又不合适，你应该去找那个最适合你的人。

还有很多很多事应该忘记，或者不是忘记，是把它们埋得深一些，让它们不再干扰你现在的生活。想到过去的伤心事，可以迅速转移注意力，可以不断地想开心的事，也可以干脆深入分析，找到根源，从此认识错误，彻底放下。逝者已矣，来者可追，当你为过去伤感，谨记四个字：活在当下。

正能量补充法 3：与人为善，播种春风

史密斯夫妇生活在英格兰中部的一个小镇，他们的邻居中有一对年老又贫穷的夫妻，这对夫妻没有子女，丈夫生病，妻子靠卖土豆条的微薄收入支撑这个家庭。史密斯夫妇很同情这对老夫妻，但这对老夫妻很要强，根本不愿接受邻居们的帮助。

这一年圣诞节前夕，史密斯夫人对丈夫说："我们多买一棵圣诞树装饰起来，送给隔壁那对老夫妻吧，他们一定需要圣诞树。"史密斯先生说："当然，我们应该这样做，不过，我们最好选择一棵小一点的，他们不会收贵重的东西。"装饰圣诞树的时候，史密斯夫妇的儿子和女儿也来帮忙，挑出最好看的饰物挂在送给邻居的树上。

史密斯一家有些忐忑地送出这件礼物，那对老夫妻充满惊喜地接受了它，把它放在桌子的中央，他们说："已经有很多年没有看到过圣诞树了。"圣诞节结束后，这棵圣诞树依然装饰着这对老夫妻的桌子，他们说，看到这棵漂亮的树，就重新找到了生活的勇气。史

密斯一家也没有想到，他们随手做出的一件小小礼物，竟然有如此大的功效。

说到正能量，人们首先想到的，就是与人为善。与人为善的意义是什么？不一定是对方的回报，而是看到对方渡过困难后对自己的肯定，看到了爱心的价值。人与人的温暖瞬间，可以让我们忘记生活中的很多不愉快，而我们的举手之劳，对他人可能有极其重大的意义，所以，何乐而不为？

满腹牢骚的人有一个很大的缺点，他们并不是恶人，但在与人为善这个问题上，他们总是走在后面。倘若他们看到一个人需要帮助，也会主动伸出援手；倘若别人求他们帮忙，他们也会尽力而为。不过，接下来发生的事可不太美好。

如果被他们帮助的人没有表达足够的谢意，他们就会不满，认为对方没有感谢他们的好意，认为对方不够礼貌；如果被他们帮助的人没有任何回报，他们也会不满；如果他们去求那些人办事，对方刚好没法帮忙，他们立刻就会抱怨，甚至认为对方忘恩负义。总之，接受了他们的帮助，就要做好被他们念叨的准备，他们会说："我经常帮助别人，比如 ××、×××、×× 等，可是却没有什么好运气，也不见他们拉我一把。"看，这么巨大的人情债，谁想欠？所以满腹牢骚的人总是人们避之唯恐不及的对象。

公正地说，他们真的不是一定要别人回报，只要能给他们一点反馈，他们就会因自己的价值得到了发挥而沾沾自喜。牢骚的人容易计较，就是因为计较太多才会抱怨，想要改掉牢骚，首先要改掉计较的毛病。就拿与人为善这件事来说，做好事倘若都会有回报，它就不会被众人称颂，正因为它常常没有回报，才显得可贵。

正能量也是如此。正能量既向上，又向外发散，拥有正能量的人，一定会给周围的人带来很大的帮助，这恰恰是牢骚的人很难做到的。牢骚的人每天只想着自己，很少想到别人，他们去哪里寻找正能量？必须把心胸放宽，把眼光放远，多想想旁人，少考虑自己，如此一来，才能看到更大的世界，看到更多的机会。

与人为善是最简单的正能量积累方式。不求回报地帮助他人，换来自己和他人的好心情。不必想着回报，不必一定要别人知道，也不必总是把这件事放在心上。让与人为善和为他人着想成为一种习惯，你会发现喜欢你、帮助你的人越来越多，你的计较之心也在不知不觉中减少，你的抱怨更是无从说起。看，因为他人，你改变了自己，这就是善良的意义。

正能量补充法 4：快点，把错误的原因揪出来

每一句牢骚背后都有个倒霉的故事，每一个抱怨的人都有点苦闷的心事。

杜绝牢骚的最好办法是远离失误，远离失误不是指不犯错误，人非圣贤，孰能无过？远离，就是说要平日尽量防微杜渐，倘若犯了错误，就尽快把错误原因找出来加以改正，今后不再重蹈覆辙。对于人生的失败，这才是最有益处、最值得借鉴的做法。

可惜，满腹牢骚的人总把他们的倒霉归咎为运气不好，把他们的苦闷归咎为他人的错误。他们不太愿意承认自己有错，即使承认，也要把更大的责任推给环境，推给他人。他们以为这样能让自己舒

服，其实他们心里也知道，最主要的原因还是自己。性格上的弱点也好，经验上的欠缺也好，判断的疏忽也好，一时的贪心也好，总会有个主要原因，导致了他们今天的倒霉和苦闷。

王小帅年近三十还是单身汉，他不想当单身贵族，结婚一直是心病。他常常抱怨找不到合适的女性。身边的朋友都为王小帅着急，家里也逼着他相了二十几回亲，每一次都没结果。介绍人们无奈地说："王先生，你眼光太高了！"王小帅急了："不高！一点也不高！我又不奔着女神找，我就想找个顺心的，真不高！"

朋友们都挺无奈，要说王小帅的标准，好像真不算高。王小帅高高的个子，长得也挺帅。他事业不错，读的大学虽然不是名牌，但毕业后在"先就业再择业"的浪潮中，随便进了一家公司，没想到那工作正适合他细腻的个性。他一直没换工作，现在已经是个小领导，每个月既有工资又有外快，车子早有了，房子也供着，这样的条件，标准高一点也没错吧？

王小帅这个人对爱情有文艺的向往，他以前交过几个女朋友。第一个长得特漂亮，相处没多久，他觉得对方没脑子；下一个是个女博士，他又觉得太刻板少情调；再下一个是朵朴素的小花，他觉得太平淡；又有一个时而热情如火时而大发脾气的，他实在吃不消……他有时觉得自己爱的是草原的野马，有时觉得自己爱的是小镇的月亮，他希望未来的妻子能给他多层次的爱情体验。

"找个老婆怎么就这么难呢？"王小帅见了人就感叹。

这一次，又有人给他介绍一个姑娘。姑娘条件不错，王小帅最初很满意，没多久，王小帅毛病又犯了，觉得姑娘脾气太盛不够温柔。介绍人无语，把王小帅的意见委婉地转达给姑娘，姑娘气得抓起电话骂了王小帅一通，最后说："你就想有个女人既当白玫瑰又当红玫瑰，想得美！你能既老实又幽默吗？能既有头脑又没心机吗？能既浪漫又理智吗？贪心不足，活该你打光棍！”

王小帅被骂得灰溜溜的。转念一想，也许他的择偶标准的确有问题，胃口太大，所以什么也吃不好。想想那姑娘实在不错，有心继续追，姑娘压根儿不搭理他。看来，王小帅的婚姻问题，还要再拖很长一段时间……

想要堵住抱怨的源头，就要根除错误的源头，这个错误往往是自己不愿意接受的，就像故事里的王小帅，他其实是个自我又贪心的人，在爱情方面存在太多不符合实际的幻想，他以为自己要求不高，抱怨姑娘们不合他的心意，但世界上哪有那么便宜的事？如果他不改改这个毛病，恐怕今后要一直单着。

找错误源头不是一个愉快的过程，那代表我们必须面对自己的缺点，甚至是灵魂的丑陋面，这是我们极力回避的东西。谁的内心深处没有个完美的自己，就算有错误也是别人的，这种想法是一种自我保护，并不奇怪。扯下这层保护面纱，你必须面对真实，你以为自己是慷慨的，其实某些时候你很自私；你以为你是善良的，其实某个时刻你做了对不起别人的事；你以为自己是坚强的，其实你一直战战兢兢……这些真相一直被你隐瞒着，不是吗？

讳疾忌医不是个好习惯，疾患扩大一定会害了你。正视自己不容易，但也不难。对自己下一个否定的结论，不代表否定自己的未来。只有把错误原因挖出来，才能修正人生道路，才能避免犯同样的错误。这件事越快越好。现在就可以拿出一张纸，做一份详细的自我分析，你的一切都将无所遁形，这可能会让你难堪，但一定会给你启示。

正视自我，首先要正视过去。写下你心中最在乎的过去的那些错误，分析原因，你的性格弱点将系统地呈现在纸上。如果你觉得自己的分析能力不够，还可以问问身边那些足够聪明的朋友。你的很多抱怨都来自于不理想的过去，现在，你应该和它们告别。

接下来，写下你的知识储备和手中的资源积累。你的很多抱怨来自不乐观的现状，恰恰是因为你没有足够的能力掌控局面。当你看着那张纸，明白能力和理想之间的落差，不用别人说，你就知道现在要做的是学习和积累，而不是抱怨。

写写你最擅长的事吧，这些是让你骄傲的部分，也是你至今说自己“怀才不遇”的重要资本。你擅长到什么程度？为什么它们没能给你带来应有的光彩和成就？继续分析原因，你会发现自己性格上的弱点和行事上的不妥当，这都是你调整自己的参考。

最后写下你的目标，不论近期目标还是远期目标，当它们和你的优点、缺点共同出现在一张纸上，你会无奈地发现它们的距离，也可能会发现其实它们之间并不那么遥远。不论如何，你的头脑现在是清楚的，你可以计划你的未来。

抱怨的时候，记住有果必有因，把原因找出来，你才能争取另一个结果。否则，你的生活只能在怨气的不断累积下，整日被牢骚占满。把根源挖走，把消极思考扔掉，让正能量吹进来，不论遇到什么事，努力去改变，努力去争取，任何一种努力，都好过抱怨。

第三章 不想过得平庸，就别抗拒学习和思考

没有人想拥有过于平庸的人生，平庸往往意味着无能，意味着俗气，意味着毫无价值。想起步，又觉得自己头脑差劲，找不到办法，抓不到改变现状的重点。换言之，觉得自己起点太低。

如果觉得起点低，不妨往高处走一走！学习和思考是人生最重要的伴侣，它们可以循序渐进地充实你的头脑，改善你的性格，提高你的能力，帮你成为一个优秀的人！

平庸综合症初步诊断

第一，对事情没有自己的想法，总想听听别人的意见。

第二，很少主动争取什么，性格被动。

第三，害怕机遇，担心自己能力不足。

第四，有兴趣没爱好，三分钟热度。

第五，言谈乏味，让人提不起交往的兴致。

第六，觉得现状很好，不想改变。

第七，不想接受再教育，没有学习观念。

第八，喜欢别人把事情安排好，自己只需要做。

第九，很少深入思考，不爱动脑。

第十，希望自己和大多数人一样，缺乏个性。

现在，请对照以上十个问题，倘若你符合五条以上，你已经初步成为一个平庸的人，一个随大流的人，一个缺少思想的人，一个没什么生活趣味的人。你和很多现代人一样，有工作没事业，有说法没想法，有机会没胆量，有道路没目标，有技术没创意，这一切意味着你不可避免地沦为平庸，注意，是平庸，不是平凡。

平凡的人可能没有特别的聪明才智，却有自己的目标和打算；没有很高的物质水平，却能在平淡生活中发现情趣；没有称得上谈资的人生经历，却有安稳美满的现实生活——他们看着普普通通，却有自己的快乐，并为自己骄傲。平庸的人却相反，他们根本不知道如何进取，根本不想改善自我，有些盲目自信，有些极度自卑，他们总被矛盾的情绪折磨，因此无法快乐。可见，一个人可以平凡，不能平庸。

究竟是什么造成了一个人的平庸？刻板的社会生活磨灭了个性？流水化的社会分工局限了才智？冷漠的都市交往麻木了情感？严峻的现实考验泯灭了理想？不，这些全部都是外因，起不了决定作用。平庸的行为来自平庸的思想，平庸的思想来自贫瘠的大脑，一个人倘若放弃学习和思考，注定沦为平庸。

人们习惯性地把学习和学校联系在一起，认为完成学校教育之后，生活从此与正规学习无关。他们一定没听过“终身教育”这个概念。1965 年，一个叫保罗·朗格朗的法国人在联合国主持的成人教育会议上，提出人应该终身接受各种形式的教育，这个概念被世界各国广泛接受。虽然没有严密的理论和实际的组织，政府依然鼓励公民接受各种形式的再教育，以实现终身教育。

人为什么要一直学习？因为脑子不用就要生锈。尤其在一个知识大爆炸的时代，倘若不能及时补充新知识，你很快就会落伍成为老古董。学习，可以巩固知识基础，可以提高业务水平，可以增加晋升筹码，可以激发大脑创意。学习不停止，大脑就会始终活跃，人也会因此远离怠惰和迷茫。

思考同样重要。很多人习惯盲从，习惯重复别人的见解，他们不是认为自己的见解太浅薄，就是根本没思考。不思考比不学习更可怕，一旦不思考，就容易被他人影响，甚至被他人控制，会相信一些浅薄的说法，会产生有害的判断。不思考的人大脑空空，永远不会进步。也可以说，不思考就是平庸的开始。

学习与思考相辅相成，不断学习，会给自己带来心理上的自信和实际行动的底气，这些很容易转化为人的成就；思考则让一个人更有深度，更有个性，进而形成个人魅力。可以说，一个既肯学习又肯思考的人，对人对事都会有自我主张，能够牢牢掌控自己的命运，并吸引周围的人。这样的人，绝对不会平庸。

学习的概念非常广泛，一门技能是学习，为人处世也是学习，生活处处有学问，人生处处有导师，只要你有一颗好学的心，你会发现有许多值得挖掘的东西等待着你。

不会说话？因为你无话可说

不知你发现没有，很多人对自己的评价里都有这样一条——不会说话。意思主要有两个，一是比较内向不善交际；二是没有多少讲话技巧，经常说错话。也许你自己也说过“唉，我这个人就是不会说话”、“我不知道怎么去沟通，我不太会说话”之类的话，反正说这句话的没有一个是哑巴，所谓“不会”，就是不擅长，不愿意，说穿了，就是根本不知道该说什么。

田医生是 ×× 医院的心理科医生，一天，他接待了一位病人，这位病人说自己不知道怎么与人交往，根本不会说话。他想要和人多多交流，想要改变自己的内向，最重要的是，如果他想继续升职，必须改掉只工作不说话的状态。

他说他自己做了很多努力，平时在家里让父母女友陪着说话，他们说得多，他说得少，好歹能说点今天的饭菜、去年的衣物和几句情话。一到公司，他就成了半个哑巴，回答人问题基本都用“嗯”、“对”、

“知道了”，急得同事们直叫：“你说清楚点！你就不能说清楚点！”

他下了决心参加了一个“语言辅导班”，“交际大师”讲得天花乱坠，他也听得充满干劲，还记了大半个硬皮本的笔记，可那些“谈话要点”、“对不同人有不同的语速”、“对男士说话和对女士说话的要领”全都拯救不了他。

现在他对说话有点恐惧，更觉得自己是个胆小鬼，不知道自己还有没有升职的希望。他每到周一就紧张，根本不知该跟同事和上级说什么，吃饭也不想和他们一起吃，害怕他们对自己有看法，也许这样下去……

“你这不是挺能说的？”田医生打断他。

“你是医生，我当然要陈述自己的病情。”

“我知道你的病情了。”田医生说，“你不用整天想着自己没有希望，把这个时间用来看书，看新闻，哪怕上网，你不是有社交恐惧症，你和别人无话可说，是因为没有谈资！”

后来，这位病人不治而愈，成功升职。他说他只是和同事买了同一款手机，经常一起研究手机的性能，就顺利地融进同事的圈子。他还发现，只要有共同话题，少说多听是一件很受欢迎的事，他以前真是把这件事看得太难了。

不会说话的人既没有丧失说话的生理能力，也不能整天不与人沟通。如何开口？说什么？别人会不会觉得无聊？会不会冷场？万一别人不答呢？自己能和人搭得上话吗？许许多多的顾虑，让人成了会说话的哑巴，甚至怀疑自己有交际障碍。其实这种问题根本不需要心理医生，完全可以自行解决。

试想一下，不管你是什么年龄，什么职业，如果别人说起足球，你立刻能从世界杯侃到欧洲联赛；别人说起电影，你能立刻附带说说导演还导过什么、主演还演过什么；别人说起时尚，你既能说当年的杀马特也能说上个礼拜的时装周；别人说起哲学，你立刻说出海德格尔、克尔凯郭尔、福柯；别人说到茶叶，你能说说云南普洱生茶、熟茶的区别……谁不愿意跟你交流呢？有什么话不能说呢？

所以，不会说话，不是因为你内向，不是因为你情商低，不是因为你和别人有这样那样的距离感，仅仅是因为你无话可说，你知道的太少了！

找到问题所在，就可以制定进阶之道。增加见闻的方法很多很多，你可以定制一些有见地的推送内容，可以经常找有阅历的朋友聊聊天，可以多读一些经典图书，可以追着某些博主学习他们的心得，可以多出去转转享受别样生活。总之，你要有信息意识，把自己当成一个信息接收器，尽量多接纳外界的信息。

你不能和身边的人完全没话聊，你至少要知道同事们说的那些电影的内容，哪怕只是在网上搜影评看个几分钟；你应该知道朋友们关注哪些事；身边的人喜欢哪些明星，听他们一两首歌……这些事费不了你多少时间，却可以让你不会落伍，不会在大家聊得热火朝天的时候，完全接不上话。

当然，你不能止步于此，这种应付式的聊天毫无魅力，别人只会当你是个不扫兴的人，不会有太多沟通意愿。你还应该去接触那些真正有见地的观点，你应该深入地思考一些问题，提出自己的见解。你应该关注社会热点，关注国际新闻，让人看到你的底蕴和情怀。特别是当你对一个问题持续性地关注和思考，收集许多意见时，你的分析能力也会不知不觉地提高。此时，你的谈话内容已经上了一个台阶。

你必须尽量减少碎片化阅读，让自己的思维更有系统性。朋友圈经常转发一些“深度好文”，有些质量的确不错，但这些一家之言虽然有见地，却支撑不起你的思想，不要为过于碎片的东西浪费太多时间。他们你一篇我一篇，观点很新鲜，内容很矛盾，你信了这个又信那个，何时有自己的主意?

总之，积累谈资是一个长期的过程，要多，更要精。首先要做的是下定决心，钻研某一领域，对这个领域的一切有些发言权，这样别人会觉得你是个“有学问”的人，有这方面的问题都会来和你商量，连带也觉得你在其他方面必然有见地。由精而博，才是获取知识的顺序。千万不要只顾着收集一些老掉牙的笑话和日常琐事，只会说这样的话，就算你多么能言善道，别人也只当你是碎嘴的人。

没有进步？因为你原地踏步

又要到一年一度的同学会日期了，沈先生发了愁。他生在一个大城市，考了当地的大学，毕业后，一大半同学都留在这里，根本没多少从此天各一方的伤感。同学会每次都很热闹，大家回忆学生时光，嘻嘻哈哈地说着当年的糗事，说着各自工作上的不如意，一起骂骂老板，啤酒一杯接一杯地喝，真是轻松又畅快。

不到三年，同学会就变了个样子。当年穿着运动大背心的小伙子们纷纷西装革履，当年素面朝天的女生们个个精心打扮，对过去的回忆没少，但对未来的交流越来越多。特别是那些工作如意、顺利升职的人，俨然成了同学中的红人。

沈先生在学生时代当副班长，为人勤勉，很受欢迎，几年同学会之后，他发现自己越来越缺少存在感，大伙热络地说着他不懂的投资，为想要跳槽的同学指点门路，分享自己的朋友圈，讨论如何驾驭下属……沈先生一直没有升职，他觉得自己的工作还不错，轻松省心，同学们对他的状态表达了礼貌的羡慕，转头又去研究最近投资环境。

沈先生知道自己的状态出了问题，但他找不到问题的源头。他每天也和别人一样努力，不迟到不早退，该加班时候从不推脱，为什么就没有进步呢？他很想找人分析分析，又羞于启齿。这种不舒服的感觉，让他不愿意参加同学会，干脆找个借口缺席。后来，连朋友的聚会他也很少参加，他有点害怕别人得意的样子，那会显得自己更加无能……

这个高速发展的社会，竞争越发残酷，原地踏步等于后退。不及时充实自己，不能不断进步，早晚会没有立足之地。

说穿了，同学会中的位置是否尴尬是自己选的，如果自己是个上进的人，不用别人叫，就会主动听听那些相对成功的人说什么，学习学习他们的经验，甚至主动说说自己的问题，让大家出出主意。老同学真的会不帮扶吗？答案当然是否定的。老同学本身有多年感情，又相互信任，同学会的参与者可能就是未来最好的事业伙伴，他们为什么不帮？

可偏偏有人就是觉得那些成功的人来同学会是为了炫耀，那些想要成功的人来同学会是为了拉关系，自己没有进步，也见不得别人好。这种心态，是典型的短视，倘若不扭转，一辈子也抓不住成功的机遇。而且旁人未必发现你的止步不前，但原地踏步的状态一旦形成，首先会给自己带来巨大的心理压力。

为什么不乐观一点？自己的同学，和自己年龄相当、曾经水平相当，这就是说他们做到的，你也有可能做到；大家积累过深厚的感情，你有需要他们建议的地方，他们往往不会吝啬。因为彼此知根知底，你想做什么和他们商量，他们不会胡乱支着，而是会根据你的性格、能力，给出最恰当的意见——看，这才应该是同学会的作用。

人为什么会故步自封，因为他们放弃了学习的机会，放弃了对形势的思考，因为一时的落后而不敢迈步。其实人生的道路很长，你的未来未必比别人差。抛弃混吃等死的安稳心态，试着挑战自己，每一次挑战都意味着你的成熟和进步。

没有主意？因为你随波逐流

耿先生今年做投资赚了不少钱，亲朋好友都想打探他的赚钱秘诀，尤其是阖家聚会或老同学聚会的时候，耿先生一定被围在当中。有人问他究竟该买哪只股票，有人问他金属交易可靠不可靠，有人问他哪家银行的理财服务更好。耿先生无奈地说："就算我给你们建议，也没有什么意义，这是我的经验之谈。"

大伙儿当然不信，围着耿先生又是敬酒又是起哄，说耿先生"不够意思"，耿先生说："我说说我的经验吧，你们听了，就知道我没说谎。"

耿先生家境不错，每年的压岁钱特别多，父母有心，从来不许他乱花，而是给他办了一张银行卡，全部存进去。等到耿先生大学毕业，不但获得了一份还算不错的工作，还拿到了那张银行卡，父母说，他已经独立了，可以自由支配这笔钱，究竟要做什么，由他自己决定。

在父母的精心教育下，耿先生不爱乱花钱，他立刻想到了要把这笔不算少的钱用来投资。工资只是基本保障，投资才可能创收。他兴致勃勃地开始试水，每天关注股票论坛，听着别人的经验，跟着那些投资大师的脚步走，还特意认识了几个这方面的朋友，想要得到点宝贵经验。可不知为什么，他的投资总是失败，那笔钱已经大规模缩水。

起初，耿先生将这件事归咎为金融市场的高风险。后来，一位和他关系特别好的基金经理人私下劝他不要总是盲目跟风投资，要试着自己决策，否则很难赚到钱。耿先生半信半疑地自己分析股票走势，不论其他人怎么劝，他还是买了两只不被看好的股票。

一年后，其中一只股票涨了很多，另一只也有小规模上涨，耿先生赚了不少钱。他这才意识到，想要做出正确决策必须靠自己。他随即想到，古往今来的成功者都是有主见的人，没有几个人仅靠从众就成为佼佼者。从此，那些“投资圣经”之类的言谈只是他的参考，他真正学会了自己寻找、分析有价值的项目。

“你们让我说某个项目能不能赚钱，我真说不好，我们投入不一样，我不赚钱你们未必不能赚，反过来也一样。而且没有深入研究，我怎么能随口说？赚钱这个事，问谁都没用，不自己去试，肯定赚不到！我说的都是大实话！”耿先生喝得高了，大着舌头说出这些话。周围的人陷入了沉思。

学习与思考带来的最大收益是什么？不是直接的金钱，而是主见！

人有主见太重要了，就如耿先生发现的，古往今来的成功者无一不是有主见的人。显而易见，中国人这样多，没有独特的想法怎能出人头地？没有主见怎能独特？在所有人都在随大流的时候，你能抓住不一样的东西，你就成了黑马，就可能成为领头羊。

没有主见的人随处可见，看到别人做什么他做什么；领导说一句他走一步；需要做选择时优柔寡断一定要别人拿主意。就连吃个午饭都要问问别人，玩个游戏都要看看别人，别人跑他们就跑，别人停他们就停，靠从众得到安全感。对那些敢于直抒己见的人，他们半是不赞同半是羡慕，打从心里将自己和对方区分开，认为他们是不同的人。

就拿投资来说吧，美国财务顾问协会前总裁刘易斯·沃克曾说："模糊不清的目标，使人无法成功。"那些有准确目标的人，下手准出手快，从不拖泥带水；那些没有主意的人呢？他们常常做的只有观望、等待、犹豫、问问问，稀里糊涂地赚了赔了。他们的所谓理财，更像是赶时髦。看来，不论做什么，都要先把自己锻炼成一个有主见的人才行。

有主见需要勇气。出头就意味着风险，与众不同一定会带来非议，很多人承担不了风险和非议，选择和别人一样，自己断了自己的前途。要知道挑战最需要的就是勇气，你连不相干的非议都害怕，还能冲得过货真价实的困难吗？不畏他人目光，敢于做不同的事，才是有主见的标志。

有主见需要底气。主见是个褒义词，它包含了个人的经验和思考，代表了智慧。而那些坚持自己没有含金量的主张的人，他们同样挺有勇气，可能也和别人不同，但人们只会说他们固执。主见和固执大不一样，形成主见是一个学习、积累和思考的过程，它来自深思熟虑，而不是一时之气。所以在你拥有足够的底气之前，还是先多多学习多多经历吧。

有主见不是和别人对着干。有些人喜欢标新立异，喜欢别人夸自己独特，喜欢和别人对着干以显示自己有主见。这是最傻的行为。所谓有主见，未必是要和所有人都不一样，而是比所有人都清醒，知道自己究竟在做什么，会达到什么目标。不要为了标榜个性而去“逆潮流而动”，这种幼稚行为毫无意义。

总之，随波逐流可能会带来暂时的安稳，但不会带来真正的前途，想要超越自我，超越他人，就要有主见，有创意，有领先的想法。当你有了这个意识，你不会再是一个“没主意”的人，相反，会有很多人找你出主意，因为一个敢于下决定的人，还真不容易找！

这一刻，一切静下来

在一切日常琐事中，最让人懊恼的就是犯错误。生活中的错误影响心情，工作上的错误耽误绩效，情感上的错误危及人际和谐，但谁也不是圣人，谁都要犯错。人们知道不能追求无过，只希望自己能把错误率降得低点，更低点。可是，尽管小心翼翼，尽管一再回避，尽管费尽心思，错误还是会出现。

为什么人一定要犯错呢？为什么自己总是那么粗心大意？为什么选不出最正确的那个选项？为什么没有料到结果？那是因为你想得太少了！我们不可能具备诸葛亮那样的智慧，但如果像他那样，凡事都能从全局、长远、细节三个方面思考，错误率会大大降低，可以说，理性地思考，是成功的一半。

感性和理性，我们离不开的两种模式，前者细腻后者客观，过分感性就会软弱，过分理性就会冷酷，很多人的问题就是感性太多理性太少，意气用事屡见不鲜，理性思考却少得不能再少。究其原因，在于心不静，头脑安静不下来，如何分析问题？所以，终日忙碌的人看似有所得，其实他们脑子里乱糟糟的，根本没有任何成型的东西。

咖啡馆，两个老同学正在聊天，一个是卖电脑的小老板，一个是不太有名气的画家。老板问画家："为什么你总在咖啡馆里坐着？"

"为了静静，为了思考。"画家回答。

老板环视咖啡馆，他们前面那一桌只有一个人，开着一台笔记本，十指如飞敲着键盘，那噼里啪啦的声音清楚地传到耳朵里；他们后面那桌，是一对情侣，正说着腻歪的情话；不远处那一桌，几个大学生正在争论一个问题；更远处也有好几个人，其中一个大嗓门，不时来一句，声音在墙壁间回荡。老板问："你确定你静得下来？"

画家说："静不是说没有声音，而是你知道自己现在该做什么。你看他们，虽然做的事不一样，但全都投入进去，各忙各的，没有人浪费时间。我想要的就是这么一种氛围，我能在这种'安静'中思考我的事。打个比喻，大学的时候，我们上自习就去图书馆，看到那么多的人都用功，我们也加把劲看书。就是这个道理。"

老板半懂不懂，问道："那你都思考什么啊？"

"我什么都思考，国计民生，时政杂谈，男女情爱，饮食起居，很多问题细想想，特别有意思。"

"这和你的画有什么关系？"

"画家不能只知道在画室画画，如果没有一个宏观的头脑，没有细腻的观察力，他的作品就不会有生命力。"

“艺术家怎么这么矫情？”

“做什么都需要思考，就像你当老板，你要是只知道卖电脑，不想想怎么卖才能卖得更好，赚的钱就只有一定限额，还有可能被那些有头脑的经销商挤掉。但如果你能在营销上做做文章，搞一些活动，和附近的店铺进行捆绑宣传，或者改进服务，你就能建立自己的口碑。这些东西，都需要思考。”

“你说的还真是这么回事，但我在哪里思考不一样？为什么一定要选咖啡店？”

“因为人在家里想休息，在店里想买东西，在酒吧想喝酒玩乐，只有在咖啡馆这种大家都在思考的地方，才能静下心。或者，你也可以试试去河边散步。”说完，画家喝了口咖啡，不再和老板说话，眼神飘向窗外，陷入思考之中。

老板觉得无趣，看看周围，大家都在忙自己的事，他也只好搅动着咖啡，想着如何卖掉库里那批过时的电脑存货。他一边想，一边漫不经心地看着周围，看到那群大学生，他突然灵机一动，何不在生活费紧张的大学生群体里发发传单，低价卖给他们？他们不要求电脑新潮，更重视实用。他越想越觉得这个想法可行。他又想到自己库里还有一些小件电子产品，可以作为赠品，提高大学生们的购买兴趣。

离开咖啡馆的时候，老板满脑子都是计划，简直迫不及待，他对画家说：“这咖啡馆真是好地方！还是你聪明！”

想要理性地思考问题，人必须先静下来。不要想着你的烦心事，不要被别人干扰，不要想今天晚上吃什么，也不要想明天会不会迟到。让大脑远离日常琐事，看看天空，看看草地，听听不相干的声音，走在一条无人的小路上，或者坐在一间安静的咖啡馆，然后再想你的问题。想的时候不用太勉强，可以随时神游太虚，看无关的杂志和风景，这一刻，你非常安静，闲适，和烦恼毫无关系，你只是一个思考者。

在这个浮躁的时代，太多事让我们焦虑，有时想让自己安静下来，需要一些外界条件的辅助。故事里画家所说的咖啡馆，就是一个不错的地方，这也是那些做脑力工作和创造工作的人喜欢去那里的原因。一杯咖啡可以让头脑清醒，可以随意走动的环境又让人不会拘谨，人多的时候不安静，但大家都做自己的事，反而制造了一个互不干扰的气场。

思考的乐趣有很多，当你静下心想事情的时候，你会发现平日死气沉沉的脑细胞逐渐活跃起来，一些奇妙的点子形成了。如果你手中拿着一本书，随便看上几眼，你会发现那完全不相干的书本内容，竟然引导了你解决问题的思路。你的思路越来越宽，想法越来越多，你简直不敢相信自己有这么多想法。别光顾着惊奇，赶快拿笔记录，这些想法来得快去得更快，再过几分钟，你想都想不起来。

有的时候大脑里边空空如也，静坐几个小时，散步几个钟头，一个点子也没有。不必焦急，要知道思考的目的并不只是解决问题。想要身体健康，我们需要锻炼四肢和器官；想要大脑健康，我们需要经常思考。思考，就是对大脑的保健。即使你没有想出什么固定的方法，各种念头被你的大脑记录了，各种事物在你的大脑里有了更清晰的印记，你对一个问题的不断思考，让你更加明白解决问题的关键所在。说不定哪个时候，灵光一闪，办法自然到来。

很多人将动脑当作一件苦事，是因为他们只想解决某个特定的问题，根本不知道思考的乐趣。太狭隘的思路只会让大脑走进死胡同。思考，既要有主要目的，也要尽量发散，想各种各样的问题，各种各样的可能。当你静下心来的时候，这些想法就像精灵一样在你的大脑里散步，感觉非常奇妙。

大脑越用越活，想变聪明，只有多学习、多思考这一个踏实的途径，在这方面，千万不要偷懒走捷径。每天给自己一些时间，忘记生活，静下来思考一些问题，这些问题与你的生活越远越好。当思想飘浮在空中，你会更全面地看到生活，看到未来的道路。思想在高处，人才能脱离平庸，走向高处。

低起点逆袭策略 1：报一个学习班

周日，小谭想找闺密小美一起去逛街看看专卖店的春季新品，小美说她要练瑜伽，没空；小谭又给朋友润润打电话，润润说她下午要上西班牙语课，上午要在家里复习；小谭找老同学阿龙，阿龙正要去学跆拳道……小谭真不明白，一个星期天，为什么大家都这么忙。她打电话跟爸爸妈妈抱怨，爸爸说："傻孩子，别人都抓紧学习，就你，只知道闲逛！"

小谭仔细一想，可不是，不但自己的朋友、老同学抓紧时间充电，就连身边的同事，会计、外语、营养师，学得不亦乐乎，只有她还有闲情逸致逛逛街。

小谭一直认为自己活得简单轻松，她没有太大野心，工作只要做好就行，工资只要够花就行，她懒得为升职加薪奔波。出了校门还在不停学习的人，在小谭看来，都是自己找罪受。她的理想生活，就是按部就班地工作至退休，帮自己的孩子带带孩子，拿着养老金每天在公园里散散步，偶尔出门走一趟……瞧，多知足，多简单。

一开始，旁人也羡慕她这种知足常乐的心态，可是没人愿意向她学习，不少人还苦口婆心地劝过她，劝她有点危机意识。小谭根本不当回事。过了几年，劝她的人少了，她自己却觉得不太对劲。同期的同事们都升了职，成了她的上司；同届的同学们活得丰富多彩，今天出国明天聚会；同龄的朋友都有了稳定的事业，正在为组建幸福家庭努力。她呢，竟然开始为工作烦恼，据可靠消息，她的公司今年可能裁员！

小谭左想右想，都觉得自己“有危险”。她也算是公司的老员工，可是成绩平平，还比不上今年刚来的员工更有锐气，更不要说那些早就升过职的老同事。如果裁员，不裁她裁谁？现在经济状况这样不景气，裁员后她能找到好工作吗？何况，她也没有特别拿得出手的成绩，哪个公司愿意雇用一个平庸的员工？

小谭后悔了，她应该和别人一样，早做打算，早早提升自己。现在还来得及吗？想这些也没什么用，小谭也开始加班，开始在上司面前尽力表现。回家后，她再也不百无聊赖地窝在沙发上看电视，而是打开电脑了解行业状况，聆听行业高人们的见解。临时抱佛脚并没有太多效果，不过，领导们顾念她是老员工，又看到她最近的表现，终于留用了她。

危机解除，小谭松了口气。她明白这次危机只是一个警钟，一个没有危机感的人早晚会陷入困境，以后，她再也不敢得过且过，宣扬“知足常乐”的哲学，她也要像她那些努力的闺密、朋友、同事那样，尽量充实自己。

她打开网页，先报了一个远程学习班。

学习，是生存的实际需要。要相信比你聪明的人的决定，那么多学习班开得如火如荼，赚不到钱会开吗？遍地生花的学习班恰恰说明，懂得充电的人越来越多，倘若你不能及时顺应这个转变，不去迎头赶上，很快，你就会落在别人的后面，连饭碗都未必保得住。

学习班有很多种，有些人为了某种资格报突击班，主要是应付考试，能学到的东西不太多，注重效果；语言班广受欢迎，多会一门语言，就多了一份升职加薪的筹码；兴趣班各种各样，可以培养人们的业余爱好；健身班遍布大街小巷，但人们常常办了卡就忘了去，白花钱……此外，各种学习班鱼龙混杂，需要详细了解后才能分辨是否可靠。

为什么学习班如此受欢迎？一来，学习班有专业的老师，授课形象而翔实，更会说说自己常年的经验，比起枯燥的理论教科书，更容易激发学习的兴趣；二来，在教室里正襟危坐，身边都是用功的同学，会促进人的学习意识；三来，有人可以交流，可以讨论，可以共同进步，让人不轻易放弃。比起一个人在家苦读，学习班的确是个学习的好环境。

特别是工作之后的年轻人，远离了学习的环境，除了工作，就不知道该如何支配自己的时间，他们把大多数的时间用在娱乐上。这时，一个学习班可以让他们不浪费大量时间，还可以激发他们的危机感和上进心。哪怕没有急切的学习需要，也应该为自己报一个学习班，让自己保持学习的意识。

如果不知道自己该学什么，就关注一下自己的同事、以前的同学或听听他人的意见，同事们的进修途径是你最有利的参考。学习在于持之以恒，不要浪费你的学费，尽量不要错过任何一节课，学习知识，学习方法，并融入自己的思考。只要你不远离学习，你的大脑就不会停顿，思考能力就会不断增长。总之，为了你的未来，一定要学点什么！

低起点逆袭策略 2：开阔眼界的十种方法

1. 阅读

英国哲学家培根说："书籍是人类进步的阶梯。"不论什么人想要开阔眼界，他的最初、最好、最方便的选择就是阅读。书籍是智慧的结晶，在书本上，你可以看到智者们关于人生、自然、社会、科学的种种总结，能够极大地提升你的知识涵盖面，塑造你的思维方式。就像培根所说："读史使人明智，读诗使人聪慧，演算使人精密，哲理使人深刻，道德使人高尚，逻辑修辞使人善辩。"不同的书，可以给人以不同滋养。

阅读要有选择。在知识爆炸的时代，纸质书也好、电子书也好、有内涵的帖子也好，林林总总，让人眼花缭乱，不知该如何选择。此时不要随便拿一本就开始读，尽量选择经典读物，而不是根据人为的排行榜决定自己的书单。有了经典名著的阅读积累，你才能分辨出书的好坏。亲近好书，就是亲近有智慧的人生导师。阅读，是开阔眼界的最基本方法。

2. 旅行

读万卷书，行万里路。这是最古老也是最有用的中国智慧之一。读书让我们增加书面的知识，旅行让我们积累立体的知识，两者结合，才能更好地激发我们对生活的想象。在旅途中，我们能够增长见闻，结识朋友，了解各地风俗，观看名山大川，积累历史知识，还能品尝美食，享受不一样的风情。

当背包客看似浪漫，却不是所有人都能尝试。旅行，也应该量力而行，选择合适的时间，合适的地点，才能放缓步调，用心感受。所谓“一场说走就走的旅行”，看似洒脱，实则不负责任，还有可能碰到各种意外，增加风险。旅行需要惊喜，更需要安排。一场赶时间的旅行不会为你带来快乐，只会让你筋疲力尽。所以，在旅行前一定要多做功课，才能尽情享受旅途中的一切。

3. 倾听

我们习惯倾诉，常常忘记倾听的重要。倾听他人说话，就是了解他人的思想，分享他人的经历，汲取他人的智慧，思考他人的人生。特别是那些有阅历、有智慧的人的话语，常常能让你茅塞顿开，所以，每个人都应该学会倾听。不要因为固执己见而拒绝接受他人的声音，你接收得越多，思路就越宽广，思想就越包容。

倾听还是一种令人欣赏的习惯。善于倾听的人朋友不会少，比起喋喋不休的人，人们更倾向于和那些安静的人谈话。当然，要注意分辨说话者的话语质量，如果只是单纯地吐苦水、发牢骚，这样的话不听也罢。

4. 艺术

学习、理解一门艺术，看似只是了解了这门艺术的皮毛，却可以通过与艺术的接触，得到一种充满美感的思维方式，让你对生活、对事业、对人生有更加深入的了解，让你以更加诗意的眼光看待这个世界，从寻常事物中发掘美。你的人生也因一门艺术而改变。

学习艺术不要有太高的目的性，不要想着得到一张证书，通过一次考试，而是要单纯地感受到艺术的欢乐。画一张画、弹一首曲子、临摹一张字帖，不要想着将它们拍照发到朋友圈，而要想想你从中得到了什么。是沉迷于艺术的快感？还是专心做一件事的安静感？或是取得一点进步的成就感？艺术不是外在的修饰，而是内心的升华。

5. 交流

多个朋友多条路，是一种功利的交友观。多交一个朋友，未必让你多一条可以走的道路，却一定可以让你多一条应对问题的思路。与各种职业、各种性格、各种年龄的人进行交流，能够让你了解浮生百态，人间万象，极大地丰富你的阅历。

平等、尊重、真诚是与人交流的基本态度，对任何人都要做到不卑不亢，才能受到他人的尊重。不要因为自己的见识浅薄而不敢发问，也不要因为自己有经验就好为人师，时刻保持谦虚的态度，会吸引更多的朋友在你面前发表自己的见解。此外，不要随意批评他人，尽量理解他人的立场和想法，才能让你的思维更加开阔。

6. 观察

耳听为虚，眼见为实。一个懂得观察的人，总能从生活的细节中得到收获。当他把自己的观察结果告知旁人，人们会惊讶于他的独特和细致。其实，每个人对生活都有一个不同的切入点，只要仔细思考，不随波逐流，每个人都是独特的发言人。

我们应该观察什么？观察看到的一切。路上的风景、树木、行人、动物，都可以成为观察的对象。观察需要专注，不是走马观花地看，而是要选择自己感兴趣的对象，完整地看下去。倘若你愿意用本子记下你的观察结果，或者用相机拍几张照片，事后看看，你会有不一样的感受——观察，最好与记录和思考结合。

7. 参与

纸上得来终觉浅，绝知此事要躬行。图片上的花再漂亮，也不能让你体会到翻土、浇水、看着花朵渐渐长大的快乐。不要限制自己，认为自己适合做某些事，不适合做某些事。要提高自己的参与感，不论在工作上，还是在生活中，要付出自己的一份心力，让人们发现你的存在。

多多尝试不同事物，特别是那些你不曾做过的，或者心怀恐惧的。未必每次都成功，但尝试本身就是一种收获。失败了，可以得到一些教训，察觉到自己的不足；成功了，可以增加自信，学到新技能。不要总是把自己关在家里，看看别人在做什么，亲自去试试，你会发现生活本身就是个万花筒，不知有多少种有趣的事正在等待你。

8. 请教

很多人羞于开口向人请教，不愿向人低头。但不请教如何获得更多的知识？书本的知识是抽象的、概括的，想要获得更多的细节，向熟悉某门知识的人请教，不断询问，是最好的积累知识的办法。当然，你可能会遇到不耐烦的解答者，可能会被拒绝，这时候要保持平常心，更加虚心地询问对方。

谦虚是一种品质，也是一种习惯，当你习惯了不懂就问，向有知识的人请教，他们也会逐渐了解你的虚怀若谷的品德。他们不会因为你的发问而轻视你，反而看到一种憧憬知识的高贵。当麦穗向大地低下头的时候，是它最美丽的时候。

9. 自省

人贵自知，很多人无法接受自己，既不能接受自己的缺点与错误，也不了解自己的长处与优点，每每导致判断失误，眼高手低，与良好的机会失之交臂。倘若一个人学会自省，不断了解自我，检讨自我，改进自我，他的人生将会是另一番局面，他能够扬长避短，能够不断进步，能够做出最适合自己的选择，换言之，自省让人明智。

每天都要留一些自省时间，思考今天自己做的事，见的人，说的话。每天至少要留 15 分钟这样的时间，保持绝对的安静和专注的思考。在这个时间段内，不要与任何人交流，不要看书，不要上网，不要做任何事，让身体静止放空，然后想想自己，想想可以改进的部分，你会在这样的沉思冥想中变得更加成熟、更加优秀。

10. 赚钱

这个方法似乎与前面九条不太搭调，却是最实际的一个方法。物质基础决定上层建筑，想要学习也好，想要旅行也好，想要有空闲时间在街头拍照片也好，你都需要足够的资金。甚至，当你想要感谢那些不吝啬指导你的老师们，你也需要钱买合适的礼物。而且，充足的金钱能让你接触到更多事物，享受更多爱好。

赚钱本身也是一件开阔眼界的事，你将不得不面对困难与挑战，在这个过程中，你需要求教，需要学着与人合作，需要改正自己的不足，需要磨炼自己的意志，需要接触形形色色的人，需要搭建自己的人脉网，需要学习如何提高情商和智商……当然，你也可以把赚钱称为事业，以事业为中心，开阔你的眼界，一举多得。

低起点逆袭策略 3：不妨问问为什么

想要启迪小孩子的智慧，培养他们对知识的热爱，最好的礼物便是送上一套《十万个为什么》，让他们了解科学、历史、文明、社会、自然、生活的各方面知识，开拓他们的眼界，启发他们的思考，当一个孩子不停地问“为什么”，你难免觉得有点烦，但也能断定这个孩子将来会有出息——他是一个肯思考、想要进步的人。

可惜，人的年龄越大，越是忽视“为什么”的重要，特别是出了校园以后，人们越来越回避求教、询问，有些人认为不应该随意麻烦别人，有些人碍于面子不愿意向人请教，长此以往，故步自封，渐渐培养了固执己见的个性，再也无法进步。

孔子说：“三人行，必有我师焉。”哪一个人不能成为自己的教师呢？就连那些小孩子，也懂一些你听都没听过的知识；就连那些小学生，玩起电脑、说起外语都可能比你更流畅；更不要说那些比你有经验的同事、那些饱学的学者、那些有人生经验的老人……就连你经常嫌弃、说着老掉牙告诫的父母，都比你更懂得为人处世，你实在没有理由不请教，不求学。

那个山村土壤贫瘠，种不了多少粮食，从前，村民们经常吃不饱饭。后来，有人发现山里的野生藤蔓剥了皮，抽出里边的纤维，可以编成各种藤制容器，卖给山外的人换钱，每天出门割藤蔓、晒藤皮、趁着藤蔓柔嫩赶快编出形状，这样的日子虽然辛苦，却换来了不少财富，于是，很多人开始琢磨怎样才能编出更好看的筐和篮子，渐渐地，这个村子的藤制品有了名气。

老古是村里最有名的手艺人，他编织藤蔓的方法足有几十种，有的是他拜师学的，有的是他自己琢磨的。其实，村里的人都会捡个藤条自己编东西，但老古封的边、缠的花样都和别人不太一样。不少人把孩子送到老古那里，想学他的手艺；也有人亲自登门拜师，希望得到他的指点。老古来者不拒，尽心教导。

编织看似简单，人人都能上手，但真想编出精品，还真需要一番苦功夫，没个三五年不能出师。很多人编着编着就烦了。老古说，编织就是个静下心来的活儿，静下心就能做好。他说得没错，却不全面，想要学好一样东西，光有耐心可不够，老古的学生小南和小东就是例子。

小南和小东都是村里的小姑娘，一起来跟老古学习。两个女孩手都很巧，小南比较听话，老师让做什么就做什么；小东喜欢自由发挥，经常编着编着就加一些自己的想法进去。老古经常批评小东：“先把基本功打好，再弄你那些花样。”小东充耳不闻。

于是，小南不论编了什么，都先拿来给师父过目，问问哪里有毛病，哪里可以改进；小东呢，即使师父批评她做得不对，她也觉得是师父在故意挑剔。而且，小东看不惯小南对师父言听计从，认为她没个性。不到两年，小东再也不愿忍受师父的唠叨，自立门户，接了一些订单。而小南依然跟在师父身边，足足又学了两年。

后来呢？小东脑筋灵活，利用刚刚兴起的互联网开始做生意，薄利多销，赚了不少钱。小南起初只接到一些师父介绍的老主顾的订单，慢慢地，她的口碑越来越好，甚至接到了外国订单，人们都说她编出的藤篮子是艺术品。当小南成了远近皆知的手艺大师时，小东还在做着批发小买卖，她不禁后悔当初没能好好听老古师父的话……

学知识，谦虚是关键。没有这种态度，学不到最全面的知识，可能只得到一些皮毛。想要学到真正的知识，首先要学会谦虚。就像想要进入一间房子，首先要低头进门。多数老师喜欢的是谦虚有礼貌的学生，愿意与他们多多交流，交流的过程又是一种学习，无形中增加了双方的知识。想要谦虚，需要克服以下四种限制：

1. 克服傲慢

有人生性傲慢，有人因成长经历的优越形成了傲慢的性格，他们或明显或隐蔽地看不起别人，更不会像那些他们看不起的人求教。这在无形中限制了他们的求知范围，他们眼中只有著名学者，没有那些冷门的研究者，经验丰富的过来人，有良好想法的普通人，而这些人，都可以给人以智慧的启示。为什么多数傲慢的人成就达不到最高？就是因为他们限制了自己的知识摄入面积。所以，想要好好学习，就要有向任何人求教的心态。

2. 克服自满

有些人得到过很多成绩，他们认为自己是某一领域最厉害的人，或认为自己在某一团体最为出众，完全忘记了人外有人的古训。自满的人根本不会主动学习，他们认为自己的智慧已经可以应付一切事，如果他们应付不了，别人更不可能知道解决方法。自满带来故步自封，最终会带来落后。西方大哲学家苏格拉底被誉为最有智慧的人之一，他尚且说：“我唯一知道的，就是我什么也不知道。”普通人更要时刻铭记学无止境。

3. 克服羞怯

很多人不好意思提问，不好意思讨论，不好意思表达自己的见解，他们认为自己才疏学浅，认为自己只有一些让人发笑的想法。也有些人因为性格内向不善言辞，而放弃了表达。只学习不交流，是学习的一大障碍。人不可能想通所有事，这时候就需要问有经验的人；人一旦不知道他人的见解，就会固执己见，这时候就需要与人交流。学习与交流相辅相成，想要得到更多的知识，必须克服自己的羞怯。

4. 克服思维局限

学习最好的伴侣是思考，为什么有些人对功课听听就忘？因为他们没有深入地思考过，无法给大脑留下深刻的印象。所以，我们首先要主动思考，然后，还要打破思维的局限性，学会举一反三，融会贯通。你想到的东西越多，思维就会越灵活，你就越能把看似不着边际的知识用在生活和工作中，促进你的进步。

低起点逆袭策略 4：装聋作哑，忽视干扰

低起点的人都会遇到这么一个困境，当他们想要努力超越自己的时候，大多数的人给他们的不是掌声，而是惊讶的目光和不掩饰的嘲笑，甚至有人好心好意地劝他们不要白费力气。没错，在很多人眼中，低起点的人永远低起点，逆袭只是神话，黑马并不存在，至少不存在于他们中间。很多想要逆袭的人，还没被困难压倒，就已经被身边的嘲笑声摧毁了决心，开始不自信，开始认为自己在做梦。

有些人居心不良，他们不愿意看到一个人用心努力，那会反衬自己的懒惰，更会带来直接的心理压力。他们希望所有人都和自己一样混吃等死，一个泥塘烂掉。抱有这种想法的大有人在。有时候，他们甚至故意打击努力的人，满足“我不好别人也不想好”的阴暗心理。

还有一些人泼冷水并不是出于忌妒，而是关心。没错，真的是关心，他们怕努力的人忙了半天没有结果，这种关心的实质就是他们打心底里不相信努力，不相信一个低起点的人能走到高平台，更不相信这样的黑马会出现在自己身边。

有些人则是自诩聪明，自以为了解对方，自以为了解这个社会和这个世界，他们会说一些“没有背景不可能的”、“年纪太大一切都晚了”、“起点这么低你在做梦吗”一类的建议，他们有点自以为是，认为自己不行别人也不行，他们其实是一群心灰意冷的失败者。

想做一件积极向上脱胎换骨的好事，竟然有这么多反对声？说

好的全世界都来帮忙，人与人之间温柔的鼓励呢？在哪里？鼓励一定有，还是这些人，你摔倒了他们未必不扶你，你开口了他们未必拒绝你，只是打从心底里不相信你有这个能力罢了。所以，你何必在乎他们的看法？这个时候，你就应该装聋作哑！

蜗牛大王组织了一次比赛，让一群蜗牛选手在一棵参天大树下聚集起来，看谁最先爬到最顶端，得到第一名的蜗牛可以提供代步的坐骑，这个奖励让许多蜗牛跃跃欲试。但是，当它们看到那一百多米高的大树，纷纷选择放弃。

最后有 29 个选手参加比赛，当它们开始往上爬，森林里的动物们都来呐喊助威。没多久，动物们看着那高大的树泄了气，它们小声地议论："这么高的树，一只蜗牛怎么会爬得上去？""听说连猴子都没到过最顶上。""它们根本不可能成功。"

这些议论都落进参赛选手耳朵里，有些还在使劲蠕动身体向上爬，有些突然觉得连猴子都上不去的地方，蜗牛肯定也去不了。又过几个钟头，几只蜗牛宣布放弃了。

放弃比赛的那些蜗牛和动物们一起议论起来，它们说起爬树多么不容易，目标多么遥远，并信誓旦旦地说："一只蜗牛绝对不可能爬得上去！"这些话仍然落进选手们的耳朵，更多的蜗牛放弃了。坚持的不到十只。

比赛还在继续，不断有蜗牛放弃爬树，围观者们已经开始讨论剩下的那些还能坚持多久，什么时候能放弃，这大大干扰了选手们的注意力。更多的选手累了，宣布退赛，最后，只剩下一只蜗牛还在爬，而且，它竟然在众人的议论中，爬到了最高处，成了第一名！

动物们大为惊讶，纷纷向那只蜗牛祝贺，这时它们才发现，冠军原来是个聋子！

遭遇非议的时候，我们都曾希望自己是个聋子，可以什么都听不到，专心做事。这其实是一种消极的抗拒心态。主动的人在这个时候选择装聋作哑，装作什么也听不懂，有人来问计划，问目标，问想法，一律不回答。因为你一旦回答，别人就会开始建议，这里不行，那里也不行，你还是会得到一盆冷水！

起点低的人难免会接受冷眼和冷水，这个时候必须摒弃杂念奋起直追，而不是解释、争执甚至发怒。装聋作哑一番，承认自己起点低，承认自己不成熟，用态度回绝别人，让他们少来烦你。在沉默中积蓄力量，早晚有一天会让他们所有人都惊讶。逆袭的时候要低调，做任何大事都可以使用这一招，装聋作哑，帮你减少麻烦和摩擦，让你有更多的时间学习、思考、奋斗，把外界的干扰降到最低值！

第四章 抛开消极的自我暗示，尝试勇敢

消极，每个人心头的阴影，头顶的阴云，来自心底，衍生为思维习惯，表现为被动，影响人的一切行动。消极的人没有自信，没有目标，甚至没有快乐。

积极，是每个人对生命的责任。不要整天用消极的念头暗示自己，把一切美好的东西都拖入黑暗的深渊。试着眺望，试着尝试，试着勇敢，让每一天都有灿烂的阳光。

生活，究竟需要怎样的心态

2016年5月25日，105岁高龄的杨绛先生在北京协和医院去世。在古代，人们称呼那些有学识的人为“先生”。不论男女，只要学识渊博、德高望重，都会获得“先生”的称呼，这个传统一直持续到民国。时间流逝，女先生们都已作古，杨绛一直被称为“中国最后一位女先生”，如今她也驾鹤西去，令人惋惜不已。

在惋惜声中，人们重新审视了杨绛的一生。她被丈夫钱锺书称为“最贤的妻、最才的女”，她是才女，在文学和翻译上均有建树，市面上流传最广的《堂吉诃德》中译本，就是她的手笔；她的散文写得独有味道，记录一家三口生活的《我们仨》一直是图书畅销榜的常客；她经历过数次革命、建国、“文革”，而且经历了丧女之痛和丧夫之痛，可谓坎坷；她在一百多年的生命里，却保持着积极的生活心态，让人羡慕不已。

对于人生，杨绛先生说过这样一段话：

“上苍不会让所有幸福集中到某个人身上，得到爱情未必拥有金钱；拥有金钱未必得到快乐；得到快乐未必拥有健康；拥有健康未必一切都会如愿以偿。保持知足常乐的心态才是淬炼心智、净化心灵的最佳途径。一切快乐的享受都属于精神，这种快乐把忍受变为享受，是精神对于物质的胜利，这便是人生哲学。”

这是一种平静宽容，与生活和解的心态；也是一种知足常乐的人生哲学。靠着这种心态，她才渡过了屡次伤痛；才在高低起伏的人生中取得了自己的成就；才能保持身心健康，颐养天年；才会获得世人的高度评价。她代表的正是一种积极充实的生活。如今她去世了，这种生活智慧不应该随她而去，而应该被后人继承。这也是对她最好的纪念。

你对生活有怎样的心态？

幸福的生活来自好的心态，相对地，不幸福的生活与消极心态有莫大的关系。杨绛先生的 105 年人生历程，比大部分现代人都要坎坷，但她一直保持着平静和宽容的心态，这也是她能够高寿的一大原因。年轻人没有饱经沧桑，难有过来人的淡定，但这种态度依然能给我们很多启示。特别是那些消极的人，真应该好好学学。

世界上没有绝对的事物，消极和积极相应而生，即使积极的人也会有丧失信心、跌入低谷的时候；多数消极的人也不会选择黯然离世，还是靠着一些希望努力着。所以，绝大多数人的心态都在消极和积极之间，所谓“消极的人”，是那些总是给自己消极暗示的人，并不是说他们无法积极，他们完全有积极的能力。

人们或多或少都给过自己消极的暗示：想要完成一个任务，害怕自己能力不够，就对自己说：“也许不会成功吧。”“结果不要太差就好。”“怎样才能应付过去？”这就是消极状态，想要的不是做好、做得更好，而是“过得去”。那些十足消极的人更没信心，他们从一开始就相信自己会失败，甚至不愿接受这个任务，成了缩头乌龟。

大多数人最初不那么消极，相反，小时候我们都会得到来自父母师长的很多鼓励，鼓励我们勇敢，夸奖我们优秀，让我们得到很多自信。但是，当我们看到同龄人中有那么多的优秀者，又在成长过程中经历了一次又一次的失败，我们不得不正视自己的缺点，不得不承认自己能力不足，这时消极心理产生了，我们开始惧怕下一次失败。

消极的暗示开始在我们生活中蔓延，起初只在大事上让我们犹豫；大事上的耽搁甚至失败让我们进一步否定自己，我们开始认为自己做不好很多事；怀疑进一步加剧，日常生活中一丁点挫折，我们就会将原因归结到自己能力不足，于是越来越没有信心；因为没信心，我们又做错了很多事，失败观念不断加深……最后，我们不论做什么事都开始担惊受怕，不断问自己："我真的能做好吗？"

当生活中充满这样的暗示，我们没法从容地面对他人，没法自信地面对挑战，没有底气去说服别人，也没有勇气去坚持自己的决定。我们开始优柔寡断，开始拖延，开始敷衍，开始暴躁，开始找不到自己的位置。我们知道这样不好，试图让自己振作，我们战战兢兢地尝试着，因为心理不够坚定，一丁点失败又一次把我们打回原形。

那么，消极的暗示究竟是什么？并不深奥。就像一个没带伞的人，突然遇到了下雨天。倘若他一直暗示自己"雨不会停"、"我总是这么倒霉"、"我一定会感冒"、"我为什么不带伞呢"、"我怎么能不看天气预报"，任这些自责、自怨情绪蔓延，他的心情肯定会一团糟。其实，每个人都会遇到这种情况，只要赶快跑出去上一辆车，不就可以很快回家了吗？

说穿了，消极就是下雨的时候忘记带伞，你可以留在原地抱怨自己倒霉，抱怨老天和自己作对，抱怨自己没能预知天象；也可以找地方避雨，快速跑到避雨的地方，或者干脆在屋檐下欣赏一下雨景。消极或积极，只在你的一念之间。你选择的一念，就决定了你的生活心态，也决定了你的生活状态。

积极的人未必不会碰到下雨，消极的人却很少能看到阳光，你该选哪一念？

犹豫，消极的伴侣

很多事，我们并不是不知道该如何做，但我们犹豫了。

想有好的身材，我们知道在哪里有一个物美价廉的健身班，什么样的运动能练出人鱼线，什么样的跑鞋和运动服符合自己的喜好，什么样的食谱能够降低脂肪的摄入，什么时间最适合健身，什么样的食物应该被抛弃……我们知道关于减肥健身的一切信息，却始终没有开始。

想要让自己有健康的饮食，我们知道应该买什么牌子的锅具，什么牌子的刀具经久耐用，哪一个食谱软件评价最高，什么样的油健康……对厨房，我们并非一无所知，却始终没有动手去做第一道菜。

想成为一个学识渊博的人，于是买了很多书，打折时候囤了一堆大部头，朋友推荐时也毫不犹豫地下单，看着书架渐渐充实有一种成就感。但是，大多数的书，我们甚至没有翻开第一页。

想要捡起外语重新学习，做了计划，买了教材，下了一堆美剧做辅助，手机里装了单词软件，结果除了看看剧，单词却始终没开始背，这样的事一次次发生。

想找个优秀的人谈一场高质量的恋爱，最后走进婚姻结伴过完这一生。但却不去提升自己的形象，不去多多接触优秀的异性，对工作也无精打采，好不容易换了个造型，很快又觉得自己在瞎折腾，终于把爱情当成了求不得的梦想。

在犹豫之中，我们错过了多少美好的东西？我们一次次后悔，倘若没有犹豫，我们会考进更好的大学进入更好的公司；我们会有更美的形象更丰富的生活；我们会有更好的心态更顺利的人生。然后我们又否定了自己，告诉自己即使努力了也未必会有结果，自己只是个普通人，也只能当个普通人。

犹豫是消极的伴侣，它发生的时候，我们明明有很多机会；它结束的时候，我们已经被消极所笼罩，对现状束手无策。一旦它成了思维习惯，也就成了我们再也摆脱不了的阴影，它会在每一个需要果断、需要行动的紧要关头，轻飘飘地在脑海里说："真的要这样做吗？""再考虑一下吧。""你好像做不到。""失败了很难看哦。"于是我们的脚步停止了，又一次机会擦肩而过，留下一声叹息。

人为什么会犹豫？因为恐惧，一切犹豫行为，都能看到恐惧的影子。

有人喜欢幻想，迟迟不肯行动，在幻想中把美梦做了个遍，得到虚幻的满足。就是因为幻想太美，现实太冷酷，他们害怕一旦行动，就会连虚幻的满足都没有。

有人不断谈论自己想做的事，不断查阅资料，制订计划，却不敢开始，害怕资料没有用，自己没有能力，害怕现实逼迫自己看到自身无能的那一面。

有人做事迟迟不肯加快速度，总是害怕失败，害怕失败带来的自责和嘲笑，所以畏惧决定，恨不得有人为他做个决定。

有人干脆说："为了不确定的结果浪费时间，不值得。"多么冠冕堂皇的借口，几乎掩饰了内心的犹豫，他们怕别人看穿自己的怯懦。

犹豫的人必然消极，常常两头落空，因为他们始终无法把双脚踏到实处，确定自己的方向。想要告别消极，首先告别犹豫。面临选择，不要瞻前顾后，选自己喜欢的那个。当你告别犹豫的生活，开始为目标努力，你会发现选择并不可怕，你要面对的也不过是“做到了”和“没做到”两种结果。不论哪种，都会让你有所收获，好过“没去做”。

拖延，消极的日常状态

说起自己的前男友，叶小姐一肚子气，一火车皮抱怨，她最后悔的事就是没早点和这个男人分手，同学聚会上有人提到他的名字，叶小姐大叫：“别跟我说那个拖延症患者，那个极品！气死我了！”大家不由露出同情的目光。

叶小姐是个急脾气，以前她一直想找个好脾气的男朋友，互补又能被对方照顾。后来她的愿望实现了，男友和她读同一所大学，会照顾人，很少生气，凡事让着她，成绩也不错，两个人还是老乡，注定了今后不会面对大学毕业天各一方的结局。除了性子太慢老是迟到，这个男朋友她怎么看怎么满意。

很快，叶小姐发现梦是美的现实是灰的，男友的拖延简直让她忍无可忍。

他们共度的第一个情人节，让矛盾第一次爆发。情人节临近开学，大部分学生已经返校，情侣们更是不会错过这个重大日子。叶小姐当时忙着当家教，就嘱咐男友在西餐厅订个位置，她说，每年这个时候餐厅都满员，一定要提前订。男友口头答应了，等到情人节当天，叶小姐问了一句，发现男友还没打电话，一个电话打过去，早订满了。

叶小姐以为男友忘了，男友却笑呵呵地说，他记得这件事，就是被其他事耽误了，而且，他觉得西餐厅没那么快就订满。叶小姐不便发火，就嘱咐男友上完课早点出校门，否则找不到饭店吃饭。没想到她在门口一边等一边打电话，男友还优哉游哉地在宿舍里换衣服，他在电话里安慰叶小姐说："那么多饭店，怎么可能全坐满？"直到叶小姐火了，他才跑了出来。

那是个糟糕的情人节，他们进了一家又一家饭店，全部满员，全部有人排队，最后他们在大雪里走了半个钟头，才找到一家偏僻的小店，餐具不太干净，饭菜也不可口，男友又忘记带情人节礼物，叶小姐差点摔碗走人。后来她才知道，男友不是忘记带礼物，是根本还没买。

叶小姐以为这个人不在乎自己，提出分手，对方却苦苦挽留。此后，她不得不陷入对方拖延的性格中，迟到是常态，课业总要留到最后一刻，临近考试才复习，说的就是他的男朋友。这个人甚至连找工作都不紧不慢，别人都忙着实习，他还在校园里转悠。毕业前夕，叶小姐急需一份学位复印件，她打电话让男友去她宿舍拿学位证送过来，没想到男友没当一回事，拖了一下午，叶小姐差点因为这件事没通过面试。

叶小姐再也无法忍耐，什么也不多说了，分手吧，男友变为前男友。听说，前男友失恋后特别消沉，两年多没缓过劲，对人抱怨叶小姐太狠心。可是这真的怪叶小姐吗？

很多人认为，拖延并不是一件大事。别看有些人成天大呼小叫，什么"万恶的拖延症"，什么"懒癌治不好"，什么"拖延到无可救药”，他们能这样自嘲，恰恰说明教训还不够深刻。甚至有些没有拖延症，只是正常休息放松身心的人，也以为自己患了拖延症，跟风乱叫。真正的拖延症对日常生活有严重影响，常常伴随焦虑症和忧郁症，需要到精神科诊断，所以，大多数人的所谓拖延症，不过是慢吞吞，得过且过，不认真和懒——他们当然不觉得是一件大事。故事里叶小姐的前男友大概也没想到，自己会因为太过拖延而失恋。

人们对拖延就是这么个态度，看似重视实则根本不重视。毕竟，他们依然能紧赶慢赶在最后关头完成工作，他们并没有因此失去太多东西，对日常生活的影响其实也不算特别大，除了工作质量下滑，错失一些机会，生活麻烦不断之外，他们该吃吃该喝喝该睡睡。拖延，只是个令他们有点头疼的小缺点。

他们却没想过，拖延和消极有很大的关系。

拖延是消极的结果。人们为什么会拖延？有的因为懒，有的因为害怕面对挑战，不在逼迫下就不敢去做。人们总是害怕出现的结果不如自己的期待，于是缩手缩脚，想要多准备准备，想要多看一些资料，想要多一些好心情，一切都是因为他们害怕知道结果。而真正有自信的人没有这个顾虑，他们只希望做得更快。

担心结果和想象的落差，正是一种消极心理，这说明心理承受能力不够强大，连最普通的小失败都无力承担。这种消极并不明显，常常被人忽略，却偷偷滋生了推脱、懒惰、敷衍、失败主义。在思想上，人在拖延的同时就知道，这件事肯定无法做到最好；在行动上，大量时间被消磨，小部分时间完成的任务，质量当然不尽人意，于是，落差被证实，消极的阴影悄然扩大。

这种潜伏式的消极最为可怕。有时，人们会为突来的打击消极，巨大的压力攻破人的心理防线，情绪崩溃，让人一段时间陷入悲观混乱，但也会滋生反弹力，让人们化悲痛为力量。所以，这种突发式消极即使留下阴影，也可以痊愈。而潜伏式的消极以蚕食的方式扩大领地，靠日常不良习惯播散它的影子，等你发现它，一切都晚了。而拖延，正是这种消极的典型标志之一，需要我们提高警惕，尽量根除。

拖延是消极的成因。

当拖延成了习惯，我们会习惯做事慢半拍，习惯做事不用全力，习惯得到不满意的结果。然后，我们会被悔恨和负罪感不断折磨，开始怀疑自己，检讨自己的能力，这种怀疑引发消极，负面情绪随之而来，我们开始不断否定自己。下一次，继续害怕，继续畏手畏脚，继续拖，继续后悔怀疑否定。以上过程一再循环，离真正的拖延症不远了。

这是由拖延诱发的新的消极，它有明显的存在感，让我们心情低落，失去信心，能拖就拖，得过且过。一种消极引发其他消极，工作不顺引发生活不顺，从此我们无法再积极地面对挑战，只用消极的信息暗示自己必将失败。这时候，拖延，成了消极的日常状态。

想要阻止这一切并不难，不必去网上搜索“如何改掉拖延的毛病”，其实答案早在你心中。改掉拖延，你只需站起来，洗把脸，全身心地去做该做的事，工作也好，学习也罢，哪怕是爱好是娱乐，只要你在第一时间去做，你就是个行动派。行动，是拖延的终结者；第一时间行动，你绝对不会罹患拖延症！

孤独，不断进化的消极

很少有人喜欢孤独，但每个人都要面对孤独，孤独更与消极结下不解之缘，几乎每个消极的人，都有几段孤独的心事。不论是童年的遭遇，求学时的不顺，恋爱的失败或是工作中的挫折，消极有多种原因，大多与挫折有关。而孤独，成了消极者的一种自保方式。

最初的孤独表现是不爱说话，不愿意融进谈话的人群，不愿发表自己的见解，有人询问他们的意见，企图引起他们的兴趣，带动气氛，他们支支吾吾地回答两句，时间一长，人们就说他们“沉默是金”。他们自己心里明白，只是不愿交流，不爱说话，交流带来的争论让他们疲惫。

接下来是对公共空间的回避。不想去参加社交意义的聚会，不愿和陌生人谈话，渐渐连公司的年会和朋友的聚会也找借口推辞。看到人多就心烦，甚至连娱乐的心思都没有。不与现实空间接触，倒是和网络上的虚幻朋友很有话聊，缓解表达的欲望。

接下来的孤独是对自我空间的过分渴求，想要一个只有自己的空间，不用跟人接触，没有其他声音，在那里自给自足，轻松自在。一开始认为自己找到了温馨的小屋，渐渐地害怕走出那间屋子，屋外的一切都陌生，甚至不希望去公司上班，也不想被朋友探望。

孤独进一步加剧，陌生和改变成了大敌，任何微小的变动都会引起不安，只希望世界按照此时的规律一直运转下去，不要有任何颠簸。在孤独中，幻想的比重大大增加，幻想世界什么都有，一切美好，让人沉迷不已。于是，更加排斥现实世界，更加厌恶琐碎的生活，更加不愿与人接触……

孤独到最后，就会出现交际障碍。这是心理学上的一种疾病，表现为与人交往时不由自主感到紧张和不安，导致话说不明白，行动无措和对交际感到恐惧，特别是在公共场合，更是不敢主动表现自己，甚至排斥表达。交际障碍有社交焦虑、社交功能障碍、社交心理障碍等详细区分，但在表现上殊途同归，对自己不自信，抗拒人群，过分拘谨，总是幻想失败是这类人的主要特征。

多数恐惧社交的人只是一种轻微的心理障碍，谈不上严重的疾病，他们主要表现为孤僻、内向、抗拒交朋友、喜欢独处，他们内心并非喜爱孤独，只是对人际交往有不必要的担忧，对人与人的相处缺少基本的自信，他们的表达能力有限，常常不能正确、充分地表达自己的思想，因此充满挫败感。

这类人的朋友极其有限，大多局限于身边的人和多年的同学、同事，他们很容易被朋友影响，并被朋友们的意见左右，他们渴望友谊，却缺乏甄别友情的能力。也因为接触的人不多，更加恐惧社交。在现代社会，这样的人正逐渐增多，他们困在自己的恐惧之中，他们常被身边的负能量包围，束手无策……

大多数孤独都指向消极，所以，当你发现你越来越沉默，越来越喜欢一个人关在屋子里，越来越觉得无人可以交流；当别人对你的评语已经从“沉默”变成“孤僻”；当所有的聚会都不再对你发出邀请；当你觉得自己在公共场合只有空气一般的存在感……打破沉默吧，去人群中感受一下他人的生活，在对比中正视自己的失误，以积极的态度面对生活。否则，你只能在不断加剧的孤独中，孤立无援，坠入消极的深渊。

暴躁，消极的火苗

你有没有听到过类似的评语?

“你最近……是不是心情不好?”

“天热，火气大，你降降温!”

“你的脾气以前可不这样!”

“看你这暴脾气，改改，伤肝。”

类似的或含蓄或直接的提醒，都向你指出一个问题——你的脾气，越来越差了!

你以前是个暴躁的人吗?也许不是。很多人的脾气都不暴躁，在礼貌和教养的维护下，你不会轻易发脾气;想要搞好人际关系，更不能乱发脾气;想要做好一件事，温和和耐心是最好的选择;想要让自己心情好，退一步海阔天空也是你的名言……可是，究竟从什么时候开始，暴躁渐渐主宰了你的生活?你越来越缺少耐性，越来越缺少容忍的气度，越来越无法安静地坐在椅子上，你甚至想找人大吵一架，发泄心中的怒火。

而且，根据你的观察，你并不孤独，越来越多的人正在变得暴躁。

马先生夹着公文包走进家门，疲惫地摔上房门，妻子看了他一眼，没说话；小学一年级的儿子小马，原本在客厅里和妈妈看书，看到他回来，二话不说回了自己的房间；只有家里的雪纳瑞犬摇着尾巴凑了过来，马先生瞪了狗一眼，小狗害怕地夹着尾巴走了。

最近小半年时间，马先生看什么事都不顺眼。升职后，他的压力大增，上上下下的事情让他疲于应对，看什么都觉得烦。阳台上的花本来是他从昆明买来的花种，亲自养大，现在花开了，他却没心情欣赏；在路上被人撞一下，他能揪着人吵个不停；部门的人争论问题，他会对反对他意见的人拍桌子；就连他的老上司都受不了，私下劝他改改脾气。

他的脾气差吗？以前，所有人都说他是一位绅士，上司欣赏他的稳重，下属崇拜他的气度，妻子爱他的温柔，儿子在作文本上写《爸爸是世界上最好的爸爸》，人们是不是已经忘记了他之前的脾气？也难怪，他现在对谁都没好脸色，做什么事都风风火火，稍有不顺，就会大发雷霆。

脾气并没有影响他的工作效率，他在谈判时依然耐得下性子。除掉这些必要的场合，他能感受到自己的怒气指数直线飙升。他的生活条件越来越好，心情却越来越糟，就连妻子的劝告都听不进去。也有人说他压力太大，需要周围人的宽容，但他知道事情不是那样，问题还是出在自己身上，倘若他不能控制自己的脾气，一切都会越来越糟。

如何控制暴躁情绪？他陷入深深的思考。

暴躁，是一种激烈的消极情绪。它让人相信除了发脾气，除了以冷漠代表自己的不满，以激烈的语言阐述自己的立场，或者强势地指挥别人服从自己之外，再也没有快速解决问题的可能。他们认为，修养换来的是无意义的客套，宽容换来的是别人的得寸进尺，不如暴躁一点，让别人马上知道自己“不好惹”，以此达到目的。

但还有比这更糟糕的解决问题的办法吗？没有。因为不想让自己忍得太辛苦，所以把怒火加到他人身上。但怒火烧了他人，他人也许忍得了一时，但不会一直容忍，一旦他们回击，就会是加倍的，甚至报复性的。就算他们一直忍耐，也会对你这个人产生怨言，大有成见，不会再将你视为一个友好的伙伴，反而将你当成潜在的威胁。

而且，暴躁是消极的一个很隐性的标志，人们常常忽略。暴躁为什么是消极的？因为在你发火的那一刻，你已经放弃了友好沟通的可能，放弃了双赢的局面，放弃了做更多的努力以维持你和他人的关系，这是最大的消极。一旦这股火苗燃烧起来，你自己也是受害者。

难道不是你，发火以后，你真的觉得爽快吗？看到你亲密的人被你的怒火伤害，你会内疚；看到就要到手的机会被你的怒火毁掉，你会后悔；看到旁人敢怒不敢言的脸色，你会担心……你开始后怕，开始头疼如何补救，这时你会想:“如果我能控制一下脾气的话……”暴躁从来不是解决问题的途径，也不是修养身体的方法，它只会让一切变得越来越糟。

当然，你也许会为自己的脾气辩护：

“我天生就这样！”——没有人天生愿意妥协，为什么别人可以改变自己，你不行？是能力问题，还是性格问题？

“我压力太大了，唉，一时没控制住。”——所有人压力都大，他们冲你发脾气你愿意吗？

“我平时不这样，也不知怎么了……”——没有人会记得你平时怎么样，他们记得最深的就是你毫无理由地大发脾气。

“是别人的错，他们做错事我为什么不能发脾气？”——发脾气只为发泄你的怒火，不会帮他们改正错误，他们更需要的是你的指导。

“有些人就是脸皮厚，你不发脾气解决不了问题！”——的确存在这样的现象，但为什么要因为几个素质低下的人，降低了自己的修养？

说来说去，脾气和修养都是自己的，暴躁的个性一旦形成，百害无一利，如果你不能及时克制自己，不论工作还是生活，早晚要被你的怒火弄得一团糟。学着调节，学着适应，学着宽容，你会发现顺利的事变多了，与他人的关系变好了，以前想不开的事也看开了，这就是温柔的力量。

其实你很好，只是不自知

入职培训两个月，公司招聘的新人们每天不是听前辈们讲课，就是去车间参观，有时还要写报告，这批新人大学刚毕业，看一切都新鲜，脸上还留着学生时代的稚气。公司每年都要在入职培训上下大力气，花费不菲。数据显示，培训能够使新员工最大限度摆脱学生思维，树立职业意识，了解公司运作，减少工作初期错误，利大于弊。

负责培训的老师大多是公司各个部门的领导，也有外聘的教授和专门的技术员，课程五花八门，还有礼仪课和心理课。这个心理课又名“职业心态调整”，讲一些简单的心理学知识，主要目的是帮助新人转换心态，了解个人能力，确立职业目标。这一课程一直由人力资源部的姚女士主讲。姚女士性格沉稳又不乏幽默，很受学生欢迎。

姚女士不只讲课，还会给员工们做各种性格测验和职业心理测验。公司对员工的管理十分科学，这和对员工的心理把握密不可分。在这些新人中，姚女士发现一个叫白彩彩的女孩，这女孩对自己非常不自信，在一群雄心勃勃的新人中，显得十分沉默，甚至畏缩。姚女士技巧地与女孩谈话，了解到她出身在一个教育家庭，亲戚几乎都是老师和教授，儿女基因一个比一个好，她个人成绩虽然优秀，在这一群人中却是最差的，从小就听父母夸奖别人家的小孩，根本抬不起头。

姚女士极有经验，她没有鼓励白彩彩尽快摆脱自卑，而是想出一个别出心裁的办法。培训进行过半，这天恰好是白彩彩的生日，姚女士找到学员们选出的班长，对他吩咐一番。班长写了一张纸条："今天是白彩彩的生日，每个人都对她说点什么吧！"然后，他把这张纸条传给身边的人，纸条绕过白彩彩，依次传下去，最后回到班长手中。

当天，大家在食堂为白彩彩庆祝了生日，姚女士特意订了个蛋糕，并把那张纸条当作礼物送给彩彩。彩彩回到家才有机会打开，她看着看着，几乎流出眼泪。

"彩彩，你特别安静，我一直把你当成古典画里才有的女生！"

"彩彩，你太牛了，那些日文弹幕你能直接翻译，你还根本不是学日语的，我特佩服你！"

"彩彩我对你印象特别深，你经常主动留下来打扫教室，而且从不宣扬，特有素质！"

"彩彩，下次说话能别低头吗？我特别喜欢看你的眼睛！生日快乐！"

白彩彩从来没想过，原来在别人心中，她有这么多的优点，以前，她总觉得自己无趣，说话干巴巴，没有魅力，除了学习好点没有别的特点，看到纸条上一句句赞美，她突然对自己有了自信。那一刻她特别感谢姚女士，也感谢她这些温暖的同事。

你知道自己在别人眼中有什么样的形象吗?一个有消极心理的人，总是下意识地把自己想得糟糕，比别人更留意自己的缺点，甚至只盯着自己身上的不足。他们的思维局限在缺点上，看到的自然是自己的失败，以及因缺点带来的不如意，完全忽略了自身的优点。消极的人对自己从来没有明确的认识，只会不断把缺点扩大，把优点缩小。

但一个人怎么会没有优点?懦弱的人吞吞吐吐，但他们脾气好，不会轻易伤害别人；敏感的人心思细，观察力比一般人要好；性格冲的人虽然直来直去容易惹事，却不会犹豫不决没有决断……辩证地看问题，优点和缺点相对相生，人会积极，是因为他们能够平衡自己的优点和缺点，扬长避短。人会消极，是因为他们根本了解不到缺点经过改造也可以变为优点。

想要真正改变自身的心理状态，首先要了解自己的优点和缺点。积极自信的人应该警惕地挑出缺点进行改正，消极的人则应该尽量了解自己的优点。优点不只是性格上的，习惯上的，还有能力上的，资源上的，只要充分意识到自己的优势，人就能很快树立自信。

但一个人很难通过自己确定优缺点，就像无法在镜子里看到自己的全貌。温和的人会认为温柔只是一件再平常不过的事，甚至觉得自己因为温柔吃过不少亏，根本不把它当作一项优点。却不知有多少人喜欢他们的笑容，喜欢听他们温言细语的开解，这项优点给他们带来了多少朋友。混淆了优点和缺点的界限，是人们了解自己的一大难题。

所以还是该听听旁人的意见。如果不好意思直接问，完全可以旁敲侧击，问问对方为什么会和你做朋友，问问别人对自己有什么意见，只要留心收集，你会得到很多关于自己的信息，而且大部分都是优点——毕竟，没必要的时候，人们不会出口伤人。至于这些信息的可靠性，还要你自己来判断筛选。

来自同龄人的信息很重要，他们有和你相似的成长环境和世界观，还与你多有接触，得出的结论大多符合现实。同样重要的还有来自长辈的信息，特别是那些可靠的、阅历丰富的师长，他们用自己的人生经验分析你，得到中肯的结论。而且，他们不愿让你多走弯路，不会骗你。

自己对自己也要有积极的评定，不妨多想想你拿手的东西，而不是整天想着你不会做这个也不会做那个，笨死了。世界上的事物那么多，有几个绝顶天才事事拿手？能够做好一件事、几件事，已经是了不起的成就，千万不要对自己有不切实际的要求。

当你心情消沉的时候，就想想你的优点，想想别人口中的你的可爱之处，那些闪光点将会激励你，带给你存在感。你肯定不想辜负他们的赞赏，也肯定希望将这些优点发扬光大。这时，你就有了动力，有了目标，也有了勇气。每一个消极的人都应该放下对自己的不公正，客观地比较，仔细地聆听。其实你很好，只是不自知。

积极心灵修行法 1：积极，从打扫房间开始

向往积极，想要告别消极的状态，想要自己的身心沉浸在温暖明亮的阳光中，可是，心头的沉重挥之不去，总是无法打起精神。尽管一次次对自己说“加油啊”，或者运用所谓的“镜子暗示法”，对着镜子一遍遍说:“你一定可以的。”也只看到镜子里一张疲惫的脸，看不出任何改变的可能。这种形象像是生了根。有没有什么立竿见影的办法，让自己以最快的速度发现生命的美好，让自己振作起来?

还真有。而且非常简单，办法就是：把你的房间扫干净!

一位社会学教授下班回家，保姆已经准备了一桌子的饭菜，正在摆盘盛饭。这位保姆老实又勤快，做菜手艺还好，得到了教授一家人的喜爱，教授夫人和孩子请保姆一起吃饭，保姆却说她还要去另外一家干活——保姆有两个儿子在读大学，一个女儿在读高中，她想多赚一点钱。

教授礼貌地感谢了保姆的辛苦，保姆说:“不辛苦，您家里真干净，打扫起来不费事。半年前我在介绍所看到您，就知道您家里一定干净。”

看似一句客气话，却让专门发现问题的教授留了心。第二天，教授特意早回家，趁保姆干活的时候和她谈了一番。保姆说，她做了二十几年保姆，从一个人的神色就能看出家里是否干净。这个判断很少出错。那些家里特别乱的人，面色总是不太好；而那些家里

非常干净的人，大多神清气爽。

教授对这件事留了心，自己在朋友们家里观察对比一番，又找来学生们讨论，最后干脆做了个小范围的社会调查，结果还真被保姆说中了。在调查中教授还发现，很多人都有这个感觉：家里干净的人比较容易产生幸福感，而家里杂乱无章的人更容易消极。

教授不禁观察自己的家庭，他有个严格的母亲，从小就养成了整洁的习惯；他的妻子是个爱干净的女人；他们有个淘气的男孩，但在这样的环境熏陶下，也知道每天都把使用的东西归位。所以，他们家里有明亮的镜子和窗子，光线非常好；东西的摆放从不凌乱，不会让人看着心烦；桌面、地板、卫生间从不肮脏，让人舒服。他每天生活在这样的环境中，习以为常，竟然从没想过是这个整洁的家让他保持了高于他人的好心情。

他又试着设想自己生活在肮脏的房间里：进入房间就有一股霉味，让人想赶快出去；厨房里碗筷堆积如山，让人不想做饭；脏衣服和干净衣服混在一起，穿的时候要不断翻找；所有东西都没有固定的位置，找起来让人头大；到处有灰尘，地面长期不打扫，留着不知多久以前的鞋印子……他可以想象生活在这种环境的人将有多么混乱、暴躁以及不满。

教授感叹，那些总是觉得自己生活无味和不幸的人，是不是从未注意过自己的房间？倘若他们能抽出一些时间和精力来打理自己的生活，他们也会感觉到和房间一样的开阔和清爽。

这个故事很像我国古代的一句名言，“一屋不扫，何以扫天下”，说的是一个人连小事都做不好，就不要指望去做大事。这句话有很多引申含义，其中一条揭示了小事与人的心理状态的关系。当我们能够做好触手可及的小事，把自己安置在一个井井有条的环境中时，我们会在潜意识里变得安宁，变得自信。

这并不奇怪，外出也好，忙碌也好，冲刺也好，往大了说，包括古代的行军打仗，后勤都是最重要的环节，有一个始终能退回去、不必担心危险的地方，就是生命的保障，信念的保障。在现代社会，这个地方无疑是我们的家，它为我们遮风挡雨，容纳我们的一切喜怒哀乐，我们的一天至少有三分之一的时间需要在家中度过。

不知何时，大都市里的家悄然变成了另一种形式的旅馆。人们劳累一天，疲惫地推门进家，甩下鞋倒在床上，什么都不想干，只想赶快睡觉。其实睡觉时间还没到，可以做的事很多，但没有动力去做。家务慢慢累积了，地板上的灰，厨房里的碗，卫生间的水垢，洗衣篮里的大堆衣物，想到有这么多费力气的事，力气更少了。

凌乱的房子影响生活的心情。看到一个油腻的厨房，想要做饭的心情顷刻没了；看到乱糟糟的衣橱，想要打扮自己的心情受到了影响；看到杂七杂八的书架，根本不知道该拿哪本书看；看到混在一起的抹布和拖布，根本不知它们能不能洗干净……在这样的屋子里生活，东西找不到，找到了也是脏的，买了新的很快和旧的混成一团，东西越来越多，房间越来越乱，完全不相干的东西挤在一起，看着都头疼。

这时候还想回家吗？去公司有那么多业务要做，头疼；回到家同样头疼，难怪家完全变成了一个旅馆。有心改变一下现状，一想到那繁重的工作量，自己先退却了。干脆扔掉那些多余的东西，又觉得舍不得。于是你和房间一起混乱着，只差发霉。

其实你需要的只是一份整洁的决心和一整天的工作量，给你的房间来一次大扫除。先扔掉没用的，再运用一点收纳技巧，让所有东西有自己的位置，然后把该扫的扫了，该擦的擦了。看着那明亮整齐的屋子，有没有觉得你的心情焕然一新？接下来只需要记住使用东西后归位，没事的时候打扫一下，不乱丢东西，你就能一直保持这种整洁。

保持整洁没有你想得那么难。当你的房间整洁了，你做事也会更加有条理，而且，你会更加喜欢回家。谁不愿意待在自己干净温暖舒适的小窝里？于是你开始研究烹饪，你开始改善自己的生活，你希望这个屋子有更雅致的爱好，在外面受了委屈，你会得到这个小房间的有效安慰。不去试试，你永远不会知道，一个整洁美丽的家会给你带来多么大的影响！

积极心灵修行法 2：收集你的座右铭

认识阿亚的人都喜欢他安静随和的个性，他对任何事都保持着达观和淡定，年纪虽轻却有从容的风度。虽然他现在只是一个建筑公司的小助理，但见过他的人都觉得他将来肯定有出息，工程师们也都喜欢他。阿亚长相普通，却有不少女性把他当作理想丈夫的人选。

其实，阿亚从前也是个毛毛躁躁的人，而且容易冲动，初中时还曾经因为和人打架被学校记了大过。在老师们的教导下，他深刻反省，从此开始克制自己的脾气，渐渐成了一个好学生。在他房间的抽屉里，放了一些方块形的小纸片，上面抄录了他认为有道理的名人名言。他不时翻一翻这些小纸片，上面的话总能让他及时地静下心，让他反思自己。

“还能冲动，表示你还对生活有激情，总是冲动，表示你还不懂生活。”

“道在身何拙，心安体自舒。”

“不从恶人的计谋，不站罪人的道路。”

“应该根据她的行为，而不是根据她的言辞去评判她。”

“和花草谈心，你的生活便会多一些伴侣。”

……

这些话，都是他在阅读时读到的、和人谈话时听到的、他认为非常有意义的话。经常阅读这些简短的真知灼见，让他可以在最短的时间内控制自己的情绪，使整个人的状态放松下来。他的纸片并不多，因为他会定期清理，只留下他认为最有道理的那一部分。他说：“越是简短、越是简单的话语，给人的力量越大。”

我们小的时候，会把座右铭写在自己的课桌上，笔记本上，或者挂在床头。不知从什么时候开始，我们不再相信座右铭的力量，认为任何伟人的话语，说得再怎么漂亮，都不过是一句空话。想要成功，最重要的是行动，而不是持续地激励。

行动比立志重要，这固然是真理，但也不能因此小看激励的作用。行动需要强大的心灵作为支撑，没有强大的心灵，遇到困难时会退却，遇到挫折时会悲观，遭遇失败时会放弃，哪怕别人的一句反对，都可能让自己七上八下，考虑其他目标。这个时候，你需要激励，特别是那些来自有智慧的名人的激励。

名人名言为什么被流传？因为名人本人就是个百折不挠、从失败到成功的典范。名人，在各自的领域取得了巨大的成就，他们有的童年不幸、有的身体残疾、有的生活不顺、有的受尽折磨，在这样困难的情况下，他们依然战胜了自我，战胜了生活，所以，他们说的话格外有说服力，让人们相信只要按照他们的指点，一定能取得成功。

可是，取得成功的人毕竟不多，或者说，人们对成功的要求太高，总认为过于普通的成功根本不算成功。所以，名人名言不再被成人重视，人们一天比一天实际。

名人没有魔力，名言也不是成功咒语。相信座右铭，实质是相信自己的信仰和勇气。那些依然愿意从名人言语中汲取智慧的人，是俗世的智者，他们知道心灵的重要。信念稳固，行动才有依据，才有方向，才会持久。人的力量，首先来自于信念。

所以不要小看座右铭的力量，收集一些你认为最有道理的座右铭，时常翻看，它们一定能抚平你心中的委屈和不甘，激励你的理想，指导你的人生。常常翻看座右铭，也会形成一种正面心理暗示，在困难的时候，你会不自觉地想到这些话，进而得到力量。

积极心灵修行法 3：成功要继续，失败就重来

罗罗有一个听上去体面又闪亮的头衔：时尚编辑。她的穿衣打扮非常时尚，手里拎的包也是名牌，她的手机里有各路明星的电话，她参加各种时尚聚会，经常出席各种发布会，她发在朋友圈的与明星的合照引起过不少同学的羡慕和点赞，她看上去风光无限、人生得意。事情真是这样吗？只有罗罗自己知道。

罗罗每天的工作就是拍片和写作，她的确认识不少明星，看似

是不错的资源，但时尚圈的人都知道，想要更进一步，靠的不是明星，而是真正的时尚品牌资源。罗罗从业七年，眼看到了三十大关，却根本没机会积累多少资源，依然过着外表光鲜实际苦闷的生活。到了这个年龄，再想有所作为，几乎不可能了。

罗罗明白自己的职业选择并不适合自己。她毕业时明明可以进入出版社工作，却被五光十色的时尚圈吸引，宁可拿着低薪也要进圈子。如今，她虽然也有个“总监”头衔，却并没有多少含金量。想要跳槽，这个行业要求的就是资源、资源、资源，她根本没有好机会。和她一样情况的前辈们到了这个年龄纷纷转行，不是去网站当了时尚编辑，就是干脆去广告公司当了文员，真让她心惊。想到自己七年努力，最后只能转行，她不甘心。

一个偶然的聚会，罗罗听到了她的老上司白女士的近况。罗罗刚当编辑时，白女士是她的领导，带她赶场，教了她不少东西。不到一年，白女士就辞了职，据说她自己开了个淘宝店。聚会上，人们说起白女士的时尚店已经成了有名的“星店”，白女士不卖所谓的爆款，专门在国外淘有格调的小牌子衣服饰物。三年前，她还请了设计师，创立了自己的服装品牌，卖得不错。

罗罗记得白女士辞职的时候，也是30岁，她和自己一样，觉得在这个行业没有发展，才另谋出路。那么白女士恐怕也有过“多年忙碌最后一场空”的叹息，她是怎么度过辞职后的难熬日子的？回家后，罗罗思前想后，终于接受了这样一个事实——她的前半生努力失败了，她入错了行，选了并不适合自己的工作，她的前途是一条死路。

真正接受这个事实后，罗罗比自己想得要轻松很多，她开始积极地寻找出路。她询问了很多有经验的人，又对自己做了一个全面的分析，确定自己更适合操作流程相对固定的出版业，而不是整天都要交际的时尚圈。她决定去一个出版公司当图书编辑。虽然月薪一下子降了一半多，她又是个“大龄新人”，但她依然充满信心。罗罗相信这一次，她选择了一条正确的道路，她一定可以在适合自己的领域一展拳脚。

失败，现代人最不喜欢的词语之一。失败就是否定，当你失败的时候，你首先否定的是自己使用的方法，毫无疑问，它错了；然后否定自己的能力，毫无疑问，它不足；还会否定自己的努力，否定自己的素质，否定自己的选择，甚至否定自己的人生。失败的阴影有多大，完全取决于个人如何去想。

很少有人能潇洒地告诉自己：“失败是成功之母。”这是一句苦涩的安慰。失败，总是伴随着对人生的质疑。局部的失败，我们尚能自我排解；根本的失败，简直否定了一个人的人生意义。就像故事中的罗罗，努力七年，却发现自己不过得到了一次失败的教训，这教训真是惨痛又心酸。

失败最容易带来消极，因为否定，因为摆在眼前的败局，也因为他人的同情或挖苦，都是人们很难立即走出失败的原因。无形之中，他们延长了失败的时间，扩大了失败的影响，他们在失败之后又一次败给了自己的消极。失败最大的害处，就是让人丧失了自信，一次重大失败后，人们不论做什么都会下意识地问自己：“我能行吗？不会再失败吧？一定会再失败的。”

走出失败只能靠自己，可以肯定的是，越早走出失败，就越早找到转机。转机不会降临到一个垂头丧气的人头上，而那些在失败后不停补漏子、找不足、找门路的人，让旁人看到了他们百折不挠的毅力。这样的人，不论改弦更张，还是亡羊补牢，都让人愿意信赖，愿意帮助。失败的经验也让他们更加小心、更加慎重、更加成熟。

失败只是人生的一次考验。当我们成功的时候，自信满满地想着取得更大的成功。当我们失败的时候，人生不也一样要继续下去？不论何时，只要我们还有决心，就可以重来一次。积极的人生，就是永远都不放弃重来的机会。

积极心灵修行法 4：眺望你的人生

“我想成为很幸福的女性，被人家爱，生活很舒适，有各种精神和物质的享受，而且都达到比较高的层次。物质上，所谓高，绝对不是穿名牌，而是身体没病，永远是舒适的感觉，自由自在的，欲望能得到满足。精神上，读有趣的书，写有趣的书，听美的音乐，看美的画，观赏令人心旷神怡的风景，和喜欢的人在一起……总之，我希望让自己生活在快乐之中，其他的一切都不必追求和计较。”

这是著名社会学家李银河女士写下的一段话，短短不到 200 字，却勾勒了一位女性对人生的终极追求。这段话其实适用于一切对人生质量有要求的人，它的核心是不低俗、不放纵、有目标、有快乐。有这样的明确的愿望，才可能专注于自己的事业和生活，放下不相干的烦恼，抛弃消极的想法，一心提高自己的修为。换言之，人生需要眺望，而不是沉沦。

1. 眺望是对自我的超越

人很难对自己满意，特别是那些消极的人，对自己处处不满意，挑剔自己的外貌，挑剔自己的身高，挑剔自己的口才，挑剔自己的运动神经，挑剔性格习惯能力等和自己有关的一切。他们看着别人，感觉别人的世界那么精彩，别人的条件那么好，别人的优点那么出众。其实别人未必更好，只是消极的人总把自己放在一个更低的位置，看谁都比自己高。

此时应该培养眺望思维，在高处观察自己，全面客观冷静，而不是偏执又情绪化。你有过失败却也有过成就，有缺点也有优点，在公平的标准下，你的人生是平整的，甚至小有成就，你并非如自己想的那样一无是处。这样的认知与自我理想结合，你能够看到自己未来的形象，那一刻你超越了自我，清楚地看到了自己必须走的路。

2. 眺望是对生活的超越

人生下来就有好奇心，在山脚下想知道山峰上有什么，在山峰上又想知道下一座山有什么，这种好奇奠定了我们生命的基调——不停跋涉，不断探索。可惜这种探索的意图常常在生活趋于稳定之后停顿。不是人们的好奇心变弱了，而是忙碌的生活让他们无暇关注生活之外的东西。因此一天比一天忙乱，一天比一天琐碎，即使休息也惦记着家务，即使旅行也想着未完成的工作。没有新鲜的见闻，没有感人的经历，只有不断重复的平凡生活，灵魂钝化了，思维僵硬了，人们对自己的评价越来越低。

有时候消极并不会通过特别大的情绪波动来显现，它只是让人麻木，让人相信平淡无奇就是生活的本来面目，相信自己只适合做一个俗人。当你发现自己的麻木，你需要抛开生活眺望，回头看看曾经的自己好奇什么，追求什么；再看看前方有什么，什么东西让你激动，吸引你摆脱平凡。眺望，就是对生活的反思，通过思考让每个人重新定位生活。

3. 眺望是对目标的超越

什么时候开始，我们的目标变得越来越低。最初，我们说的是理想；然后，我们说的是打算；最后，我们只剩下一个最基本的目标，也许是月末按时完成任务，也许是月初如数拿到工资。我们抛弃了更大的目标，认为它们不切实际。我们甚至嘲笑那些依然拥有理想的人，认为他们在做白日梦。这一切是因为我们站在谷底、井底、金字塔最底层，不敢梦也不敢想，我们害怕受到同样的嘲笑，更害怕幻灭和失败。

会当凌绝顶，一览众山小。古人的诗句里包含着眺望的豪情，这是真正的人生理想。而我们所说的低谷，是攀登之前必然要经历的。人生就像山峦一样起伏，我们的情绪如果始终在消极的低谷里徘徊，就不可能知道高处的风景。所以不妨在现实基础上把目标提高，把步调加快，有了更高的位置，你才能眺望，才能确切知道现在的生活，离你曾经的理想多么遥远，才能下定决心奋起直追。

人生应该有更高的追求，更多的快乐，更好的享受，每个人都应该有这样的追求。学会眺望，看更多的风景，更多的人，更多的路。生活有更多的可能，你会遇到更好的人，通向目标的道路不只一条，眺望，让你的心胸更加开阔，目光更加长远。你渐渐脱离了琐碎，渐渐没有时间消极，你成为一个自信的人，向目标迈出了第一步。

第五章 所有的激情，来自你热爱生活的心

状态不对？心情不好？情绪低落？为什么总会面对这样的状态？很显然，生活中少了激情。没有激情和动力的人生是乏味的，那么，激情究竟在哪里？

激情要靠自己创造。不正视生活的人无法理解激情，不确定目标的人无法体会激情，不勇于进取的人无法抓住激情。激情，来自你热爱生活的心。

生活是平淡的，但不是麻木的

大岚发现，一种“无激情”病毒正在蔓延。

打开朋友圈，不只一个人说：“最近都没什么事情做，除了工作。”

打开 QQ，一溜头像挂着“心好累”、“无聊”之类的签名。

打开微博，刷新一下，就会看到一堆无聊内容，透露着主人们的乏味。

把大家叫出来聚一聚，找点乐子？一群人坐在咖啡馆或酒吧，话题逐渐变成：“明明忙得要死，却不知道自己在干什么。”

好吧，组织个活动吧，让大家娱乐一下。可是不论唱 K、看电影还是踏青、吃烧烤，大家兴致都不高。不忍辜负发起人的雅兴，他们努力做出笑脸。

是不是只有谈恋爱能让人精神点？也不行，恋爱几年，僵持不下，他的缺点她的毛病谁也改不了，相爱简单相处难，心累。

学点什么？学了有什么用呢？费时费力费钱费心血，没几天就忘了。

……

大岚哀叹，这哪里是生活？还是说生活就应该是这个样子？几年前大家毕业的时候，意气风发的样子去了哪里？难道生活就是一个消磨人的机器，首先磨去棱角，让人社会化；然后磨去激情，让人规规矩矩；最后磨去所有理想，只做一颗社会机器上的螺丝钉？

这太可怕了，大岚想。她想尽快突破这种状况，治好这种疾病，可是，究竟该做什么呢？想起来就犯懒。一不留神，她的状态就变成了："要做的事一大堆，什么也不想做，怎么办？"没一会儿，一堆赞，大岚哭笑不得，将手机远远地扔了出去。

唉，激情在哪里？动力在哪里？

人为什么会无聊？要么因为没有事情做，要么是因为做着不想做的事。

无聊似乎真的有传染性，一个人精神不振，整个团体跟着士气萎靡，偏偏精神不振的人很多，找不到事情做的人更多。他们并不是游手好闲，他们的工作时间不少，只是找不到价值，找不到寄托，找不到动力，找不到激情，找不到当年的兴奋感，找不到曾经的新鲜劲儿。

最后，连目标都变得遥远不可见，他们不会去想"我为什么会这样"，这个问题太无聊，他们宁可去想"人活着究竟为了什么"，当然不会有好的答案。他们从曾经的雄心壮志到现在的无聊烦闷，前后不到几年。这是成熟吗？这是麻木。

麻木的人四处可见，只要你在一个人的社交软件或谈话中听到类似"心累"、"烦"、"什么也不想做"之类的口头禅，他十有八九已经对生活或工作丧失了激情，每天只想着完成定量任务，完成游戏任务，再完成吃饭、刷牙、洗脸、睡觉任务，天天如此。这样的生活能不让人麻木吗？

也有人说，生活的本来面目就是如此，哪里有永恒不变的新鲜？激情过后，一切就是会按部就班。这句话只对了一半。生活的本来面目是平淡，而不是麻木。平淡的生活像水，真水无香有滋味，时不时有涟漪和起伏的波纹，真正懂得生活的人从不抱怨无聊，他们会在这洁净的水域里享受与激情不一样的幸福。

麻木是另一回事。麻木者的生活没有滋味，像笨重的老式时钟，只会滴答滴答提醒人们时间在流逝，定时定点通知人们该做什么，偶尔还会出点问题。这样的生活当然就是很多人口中的“日复一日，年复一年，没有任何改变”，他们没有心情去享受，没有自信去突破，没有头脑去质疑，只能看着生命力不断流逝。

熟悉的环境、稳定的生活、程序性的工作、过于明确的关系，都会让人失去激情，甚至让人感到乏味，但不要忘记，这些都是你曾经努力想要争取的，它们必然有值得你争取的价值。你应该看看激情之外的东西。环境给人带来舒适感，生活稳定让人有安全感，工作熟练保证了你的职位和未来，一段有把握的关系让你的心不再漂浮不定。这难道不是幸福吗？

对待激情的流逝，首先要懂得感恩，感谢自己手中所拥有的。每一份拥有物都有值得不断挖掘的价值，不要把它的作用仅仅定义为“唤起激情”。然后，你应该寻找自己的激情所在，想办法唤起更多的激情，让生活更加丰富。你的生活你做主，想要什么，就去动脑争取！

专注力，去了哪里

人们向往激情，不只因为它带来新鲜刺激的体验，还因为它能够形成一种凝聚力，让我们能把注意力百分百集中在一件事物上，心无旁骛地为目标努力，甚至废寝忘食。这个时候，效率是最高的，头脑运转速度是最快的，得到的结果也是最好的。可以说，激情是成功的重要保证。

可是，激情很难持久，最初的新鲜劲过去后，我们就必须面对冗长的沉闷局面和单调的重复动作。我们最初的专注也在不知不觉间消失，我们开始懒散，开始拖沓，开始左顾右盼，寻找新的更有趣的事物。为什么很多人看上去兴趣颇广心得全无？就是因为他们只在乎一时的新鲜，不愿面对之后的平淡，也因此，他们做事总是虎头蛇尾。

从心理学来解释，人们重视新鲜的东西，是因为大脑皮层形成的兴奋灶比较强烈，不易受其他兴奋灶干扰，因此，人会在此时变得专注，身体各方面协同努力，不易出错，效率超高；一旦新鲜儿劲丧失，兴奋灶变得微弱，其他兴奋灶的干扰增大，人就会三心二意，容易犯错误，而且不容易完成任务。

刘威从 29 岁那年开始从事人事资源，至今已有十年以上的 HR 经验，他看人奇准，亲自招聘、留下的员工，几乎没出过太大问题。他不但被老板器重，还有朋友邀请他组建猎头公司。刘威很满意就职公司的待遇，一口回绝。他最近的工作是培养人力资源部的新人。

3 月公司招新，刘威带着几个工作不到一年的新人组织招聘会、看简历、面试，他的主要任务是考察新人的工作能力，并传授经验。新人们工作热情高，一连几天都在高校搞招聘会，没人叫累，刘威也受到感染，很有干劲。他们每天忙完都累得腰酸背痛，拿着一堆简历在就近的饭店一边吃饭一边研究。

小林眉飞色舞地说起今天遇到的一个毕业生，那人是一所名校的设计专业学生，谈吐有趣，爱好广泛，说起自己的经历，令小林咂舌，这个人不但美术底子好，还学过插花、茶道，是业余网球选手，登山爱好者，曾参加沙漠徒步行走，还加入过环保协会，高中时当过奥运会志愿者，写过诗歌小说……“我的爱好多，想法多，广告需要的就是新鲜有趣的想法，我想我能胜任贵公司的设计工作。”小林转述那个学生的原话，又加了一句：“听听，说话都这么成熟！”

“他有没有获过什么奖？”刘威问。

“获奖？”小林愣了愣才说，“我看他也不像那种非要参加比赛的人，简历上也没有获奖经历。”

“那他的小说出名吗？”刘威问。

“他没说，应该不是很出名。不过，他又不是写小说的！”

“这个人不合适。”刘威说，“兴趣太广，凡事做不长。广告部的工作你们知道吧？按照客户的要求改设计，不知道要改多少遍，他肯定改两遍就腻了。我们挑的是合格的员工，不是这种兴趣型天才——我看他的天分也有限。”

小林不服气，又说了他们今天的谈话，证明那个学生多么有想法，刘威也不反对，“你可以给他个面试的机会，也可以让他试用，到时候自己看看。”

那个大学生很顺利地通过面试，开始试用。小林没事就找广告部的人打听新人的情况，听说新人工作认真，一连提了几个产品方案都得到了通过，他听了那叫一个高兴，他甚至想：“刘经理也会看走眼，还是我的眼光好！”

没想到一个多月以后，这位新人的效率明显下降，工作热情不高，每天都显得很烦躁，三个月试用期还没到，此人主动走人了。小林急了，给新人打电话，新人还记得他，跟他解释说：“林哥，我是个有很多想法的人，我的人生目标就是实现这些想法。我以为这家公司是一个很好的平台，没想到我进来以后，每天做的事就是改设计稿，我感觉我的脑细胞快要枯死了，我想我还是适合更有挑战性的工作，我决定去游戏公司试试。”末了，他还跟小林道了谢，感谢小林的照顾，礼貌又周到。

小林挂掉电话去找刘威，哭丧着脸说：“刘经理，那个新人走了，和你说得一模一样！你怎么这么厉害！”刘威说：“不给你个教训，你总是不服气啊。下次记住，别招那种没长性的人，工作啊，最需要的就是耐得住性子，才能做出成就。”

小林郁闷地点了点头。

马云说：“创意是企业运营中一个很重要的一环，但它只是一环，不是所有，所以要把每项工作落实到实处。”很多人觉得自己有很好的想法，却总是找不到实施的条件，最后只能落空。最重要的失败原因就是他们过于看重创意的激情，而忽略现实的各种环节，不愿跟进过程，不愿抠细节，更不愿修改创意完善计划。

这和做梦是一回事。梦最初都是美好的，有一个梦想，心花怒放，充满干劲，跳起来行动，一睁眼发现现实还是那个现实，梦中的那个理想自我连影子都没有。“唉，可惜是做梦。”他们这样叹息着。有什么可惜的，你不去按照梦想一步步努力，就别想达到目标。有再好的想法，落不到实处都是做梦。

但你知道你也曾积极过，你曾想尝尝梦想变为现实的美妙滋味，你也曾没日没夜地在脑子里转同一个念头，你愿意为了目标加班加点，你调动了所有精力，你为每一次进步雀跃不已。后来，你可能失败了，可能遇到挫折放弃了，可能被其他事拖住了脚步，你没能得到想要的结果，你发现你再也不能像以前那样专注了。

人为什么会丧失专注力？最大的原因有两个，一是过分在乎结果，二是心态浮躁，总想着其他目标。这两个原因也可以归为一个，你太贪心，总是想着所有事都如你所愿，合你心意，否则就不愿意做，宁可选择另一件，反正我们最不缺的就是轻率的选择。

所以我们看到，很多人涉猎广泛，但不精通；很多人计划很多，很少完成；很多人兴致勃勃，后续无力；很多人三心二意，一事无成……这世界每天都有人丧失激情，因为他们不知道专注的重要，不知道坚持的价值，不知道激情的生命力，必须靠自己来延续。

想要专注，就要坚定目标，定下时间，按时作息，更要紧的是赶快排除一切干扰。干扰是专注的大敌，不论干扰物是一个人，一个游戏，一杯咖啡还是一个念头，只要它们出现，就立刻将它们拒之脑外，强迫自己只干一件事。将这个过程反复强化，直到它成为习惯，你会发现你的心态稳定了，行动稳重了，浮躁的念头越来越少，你的专注力回来了。

最后，胡思乱想导致浮躁，不利于人的专注，更不利于激情的产生。胡思乱想没有目标，没有计划，让人陷入一大堆不切实际的选项中，耗费精力思考，却没有答案。因为那根本不是你的选择题！人的思想应该有个大方向，和自己的工作、生活、爱好有关的，优先考虑，其余的，不值得你浪费太多脑细胞。

要相信，生活，因浮躁而混乱；激情，因专注而产生。

从哪一天，我们开始怀疑工作的意义

你听过田中耕一这个名字吗？

这个名字出现在2002年诺贝尔奖的获奖名单上，这个获得诺贝尔化学奖的日本人让学术界大吃一惊，教授们绞尽脑汁地搜索脑内的记忆，这究竟是个什么人呢？在高端的学术期刊上并没有看到过这个名字，日本有名的化学学者里并没有这个名字，谁都没有听过这样一个名字。他究竟是谁?

日本人也是一团雾水，学者们不知道他们有这样一个了不起的同僚，记者们根本没听过一个具有诺贝尔资质的高手，从首相到平民，谁也不知道这样一个人物，这种情况太让人惊讶。只有京都市岛津制作所的员工们纳闷地想:“莫非真是我们公司那个‘怪人’?”

田中耕一是这所公司的一个“怪人”，他从不参加升职考试，为的是始终在科研第一线工作。他是一个非常普通的人，大学毕业，没有考过硕士和博士；为人拘谨，平日沉默寡言，少与人交往，更不要提参加什么学术会议；很少发表自己的研究成果，只想一心搞研究；与学术界没有任何联系，难怪谁也不认识他。

“对生物大分子的质谱分析法”是他与一位美国科学家的共同发明，获得诺贝尔化学奖后，他一夜成名，成了日本工薪阶层的偶像，也是全日本的榜样，人们惊叹于这样普通的、没有任何背景的人，也能得到诺贝尔的桂冠。田中耕一让人看到了生活、工作、努力的意义，许许多多人希望聆听他的经验。

但他们没有听到，田中耕一推掉了几乎所有采访，也没有出现在公共场合进行讲演，他继续做着自己的本职工作，他说自己只想做“一辈子工程师”，这谦虚而朴素的态度让人钦佩又感动。谁说平凡中没有伟大?所有伟大都在平凡中孕育!

你厌倦过自己的工作吗?你怀疑过自己工作的意义吗?不论厌倦还是怀疑，都会带来激情的流失和积极性的减退，人们就在这个过程中丧失了动力。于是，工作成了日复一日的辛苦，生活成了年复一年的疲惫，人们已经忘记了工作和生活的意义，时不时想着“世界那么大我要去看看”，但一个连工作意义都不知道，生活乐趣都找不出的人，能在外面的世界发现什么?

认清工作意义，劳动才有价值。太多的人将工作等同于工资，像等价交换那样，用劳动换取每个月的薪水，将每日的工作折合为房租、水电费、生活费。这种认识很容易产生计较，他们会说："拼死拼活就为那几个钱，何必呢！"于是，尽量少做一点吧，工资固定，少做就是占便宜；不用那么认真吧，再认真工资也不会变；想一点偷懒的办法吧，反正老板看不到……这些想法不断滋生，有些变为现实，工作质量和效率也随之下降。

同样一份工作，在明白劳动意义的人眼中，完全不一样。不要以为他们会说一些"为了国家和社会工作"的大道理，不，喊这样口号的人并不多，大多数人把工作和自己的人生价值挂钩。得到一份工资只是基础，工作有更多的作用。

1. 工作是学习的平台

在这个平台上，人们学习和事业与生活有关的一切，包括如何更好地钻研一门学问，如何更快地达到目标，如何更有效地与合作者沟通，如何处理工作与生活的关系，如何举一反三增加自己的优势。而所有努力又将成为平台的支柱，让它更高更牢固。

2. 工作是未来的跳板

在这个跳板上，人们需要默默地积蓄力量。一开始，每个人都很普通，不停地犯错误。有些人渐渐成了熟练的工人，有些人却成了有创意的高手，区别就在于他们究竟如何对待这块跳板。前者害怕它的晃动而退缩，后者不断等待机会，时机一到，他们就会借助此时的跳板，到达更高的平台。

3. 工作是事业，是生命的重心

围绕这个重心，人们改变着、进步着，甚至思维方式和生活习惯都被重塑。工作一旦变为事业，就代表了一个人的能力所能达到的成就，而成就决定了社会和他人对这个人的认可程度。所以，工作不能怠慢，不能轻视，不断从中挖掘乐趣，不断战胜困难，这个重心可以支撑人们的思想和生活，让人们始终保持充足的状态。

像田中耕一那样做一个普通员工，不必以诺贝尔为目标，只是单纯地认识到工作的意义，就能不断努力，不断克服平凡生活中的麻木想法，不断超越自己。在你回过神时，你会惊喜地发现自己已经走出很长一段路。任何人，都不要怀疑工作的意义，有一天它一定会告诉你意义究竟在哪里。

一天一小时，你可以做到什么

激情不是无理由燃烧的火焰，不是日常生活中突然降临的绚烂瞬间，这样的瞬间实在太少了！激情其实需要长久地准备，需要你做一个坚实的平台，需要你的生活有它的铺垫，它才可能常常光顾。人们总把激情看成火焰，其实，日常生活中的激情更像烛火，看着不大，却给你增加了情趣和希望。千万别小看这个小东西。

有这样一个网站，名字很简单—— 一小时，很多人不知道它究竟是干什么的，还有人把它当成送餐网站，一小时之内就能把一份热乎乎的饭菜送到门口。其实它的主要目的是督促人们重视生活，培养乐趣，节约时间。它的口号是："每天拿出一小时，创造你的奇迹。"

奇迹是指什么？看看那些热门分享帖，你大致就能明白这个网站的意义。

有个白领突然想学习画画，她从未接触过油画，后来，她每天拿出一个小时，对着教材摸索，对着景物写生，每天用网站提供的一小时 APP 打卡，一年后，她已经大有进步，人们对她贴出来的油画赞不绝口。

有个职员一直抱有作家梦，但他上有老下有小一个月有一半时间在出差，根本没时间动笔。后来，他每天挤出一小时的时间写上几段。过程很艰辛，有时他抱着电脑在飞机上打字，有时他 11 点才回旅馆却还坚持写一小时，有时他不得不一边哄怀里的女儿一边敲键盘。一年后，他完成了一本小说，最近已经准备出版。

有个小老板的经历很有意思，过去，他每天忙得脚不沾地，连吃饭时间都被压缩，这给他的身体和情绪带来极大的负担，还让妻子女儿不满。现在，他每天拿出一小时的时间陪伴家人，在这一小时内，他不谈生意，不打电话，一心一意和妻子聊天，陪女儿玩游戏，或者一家人牵着狗散步。他说他的身体也好了，脾气也好了，妻子和女儿对他非常满意。这位小老板被评选为"最让人羡慕的一小时"。

此外还有一天一小时学外语，一天一小时健身，一天一小时学乐器……一小时看似不长，一年的积累下来，却可以使人变个样。不过，也有人至今也没有太大进展，原因是他们太贪心了，有人既想学习一小时的古汉语，又想学一小时的吉他，还想做一小时的手工，结果，业余时间被这些计划塞满了，他们根本没有动力，什么都没学好。看来，人的确不能太贪心。

每个平凡的人都曾有颗不甘平凡的心，幻想过有一天，他们能遇到一件瞬间点燃激情的事物，从此一心一意，快马加鞭，付出心血汗水，得到丰硕收获。这种情况的确存在，但少之又少，大部分人一辈子都不知道自己究竟适合做什么，有的人一直在尝试，有的人早早地放弃，说自己“认清了现实”，至于激情，当然就离他们越来越远。

大概因为我们把激情想得太过万能，它才迟迟不出现；也许因为我们把目标设定得太遥远，才始终走不到。或者，我们应该务实一点，先不去追求伟大事业，只希望自己更优秀；先不去寻找太多目标，只做好一件事；先不等待那传说中的激情，只在每一天燃烧一小撮火焰。就像一小时网站中的那些人，每天给自己留下一小时的激情时间，做一件能让自己自豪的事。

选择一个合适的目标不容易。看看别人的爱好，多么丰富，他们会极力表述自己从中得到的乐趣和取得的成绩，每一样都足以令你心动！看啊，有人成了业余小提琴手，在演奏会上穿着优雅的长裙拉上一曲；看，有人翻译了一本小说，还得到了原作者的亲笔信，多么让人羡慕；看，有人减掉了 80 斤肥肉，从一个肥胖宅男晋升为励志男神，今天又发了几张潇洒的照片；看，有些人研究微景观，做出了让人赞叹的艺术品，现在手头的订货单多得忙不过来……目标恰当，不只会带给你好心情，满意的成绩，还可能成为你改变生活的机会！

贪心在这个时候冒出头，这个不错，那个也不错，不如把目标定为两个小时？三个小时？那可不行，贪多嚼不烂。排除那些不适合你能力的，再排除你的经济状况不允许的，最好能根据你的实际需要找一个目标，这种选择能够增加你完成的几率。

每天一小时，听上去不难，做起来不简单。人们可以坚持一个礼拜，半个月，却未必能坚持半年一年。懒散心态首先出来作祟，怀疑心理不甘示弱地干扰你，许多娱乐招着手诱惑你，日常压力毫不犹豫地压向你，也许还会有别有用心的人泼一桶冷水，想要坚持下来，非下大决心，花大力气不可。

想要放弃的时候，就尽量地激励自己，看看那些已经成功的人的事迹，想想他们的成绩，丰富的幻想也是一种动力。还要在其中发现乐趣，积累经验，最差也要夸一下自己的毅力。当时间超过100天，你根本不忍心中断这个数字；当每天一小时已经成了习惯，即使有点麻木，也会因为惯性继续坚持；当你发现生活因此变化，你会惊喜不已；当你达到了目标，你体味到了胜利，你为自己骄傲！成功，才是真正的激情。

激情加油第一站：目标实验，五步完成

想要充满激情地生活，并不需要每一天都保持亢奋状况，不断地面对新鲜刺激，那样的生活根本保持不了，还会造成身心疲惫和神经负担。激情如果是火花，一瞬间照亮我们的生活，我们的任务就是想办法让它燃烧得更加持久，让它始终在我们的生活中。

目标尤为重要。如果自我生活是个恒定沉闷的机器，目标就是发条，每一次为目标努力，都是拧发条，让整个生活有序运作起来，因为目标明确，这种运作也就杜绝了浪费时间，不会让你白忙一场。尽管很多人明白这个道理，却很少有人做到，他们总会遇到各种各

样的问题。

在制定目标的时候，有人已经乱了手脚，犯了好高骛远或妄自菲薄的错误；在完成目标的时候，因为缺乏周详的计划，时而奔跑时而懈怠，前者带来疲惫后者带来懒惰，全都耽误了进度；因为对目标风险没有明确的认识，出了问题手忙脚乱甚至放弃；因为对目标结果存在过多的幻想，在实践中一一落空，结果失去了冲劲，导致目标落空—— 一个目标从制定到完成，需要考虑太多的因素，所以，目标不是口号。

那么，该如何确定目标，实行计划？我们可以将一个富有激情的想法拆分为七个步骤，当你决定执行的那一刻，它就不再是空想。只要你一步步完成它，成功率极高。选择一个短期内能达到的目标，来进行你的目标实验吧。中期目标和长期目标暂时放在一边。

1. 列出目标

不论这个目标是工作上的某个任务，还是生活中某件必须完成的事，或者爱好上的某种进境，以及你突然想要学习 / 了解 / 体验的某件事物，将它写下来。注意，一定要找一个有一定难度又不超过你的能力范围的目标。

2. 日期限定

规定起始日期和完成日期，一定要用准确的年月日，而不是笼统的“大约半个月”、“十天左右”，这些约数会造成你缺乏时间概念，进而影响效率。日期的确定，会把时间明确在某个区间内，逼迫你每一天都检查进度，避免拖延。记住，日期限定是效率的保证。

3. 制订计划

写出完成目标的具体步骤，例如每一天要做什么，每一天完成多少。在这个设想阶段，不论想到什么都可以记录下来，不断扩充。不要草率地写一张纸条，计划值得你花费几个钟头，一步步想完善。你在计划上用的时间多一些，实际执行过程中，就会省去很多不必要的思考时间。

4. 评估风险

一定要想到执行中可能遇到的困难，把它们列举出来，并制定妥善的应对方案。都说计划没有变化快，很多计划都由于突来的意外而流产，所以，不要把条条框框卡得太死，要预留一些空间和时间，让风险能转圜，千万不要什么都不想直接上手，那样最容易自乱阵脚。

5. 列举回报

这是最让人激动的环节，也是最重要的激励手段。将达到目标后的回报写下来，你会加倍有干劲。特别是在执行过程中一点点得到回报的感觉，非常令人回味。不过，不要把回报想得太美好，否则有幻灭的可能。既要有梦想，又要客观。

此外，害怕自己中途懈怠，就找个信任的人监督，监督和计划表是双重压力；觉得厌烦的时候，就多看几遍回报部分，支撑自己坚持下去；事情结束后，不论结果如何，都要总结一下经验，思考下次如何做得更好。多完成几个短期目标，你就会熟练地掌握目标计划的关键，你的人生从此也会井然有序，不失激情。

激情加油第二站：坚持的勇气，就是激情

当你觉得自己缺乏激情，你应该听听薇薇安·迈尔的故事。

2007年，一个29岁的美国青年约翰·马卢夫在拍卖会上看到一个箱子，箱子里面有一堆黑白底片，将近十万张，还有两万张幻灯片和一些胶片。马卢夫用400美元买下了这些东西，他只是抱着看一看的心理，并没有对这个普普通通的箱子抱有太多幻想。

但是，当他不断看着冲洗出来的照片时，他有一种震撼的感觉。这些黑白照片拍摄自几十年前，拍摄地点是芝加哥，他看到了芝加哥的公园，看到了电车上的情侣，看到了街边的小孩，看到了那时的天空、房屋、花草、人物、生活……

这种巨大的感染力显然不是一个普通摄影师能够达到的。很显然，摄影师有极高的天赋，擅于构图，也擅于捕捉平凡生活中闪亮的一瞬间。更多的照片被冲洗出来，马卢夫也在照片的影响下买了摄影器材和摄影教材，当他试图拍摄照片，他发现摄影并不简单，他又一次确定箱子的拥有者是个摄影天才。

他开始在网络上发布这些震撼人心的照片，网友们也被感动了。如今，摄影器材不断更新换代，发烧友层出不穷，这样的好照片却不多，何况，这些只是用最简单的相机拍摄的黑白照片！所有人都有这样的疑问：这些照片究竟是哪位大师的作品？

“大师”的身份渐渐清晰，她叫薇薇安·迈尔，生于1926年，

于2009年去世。她不是摄影师，是一个保姆。有时间的时候，她喜欢拿着她的照相机在芝加哥街头，拍摄那些她感兴趣的画面。她没有认识到自己的艺术天赋，这些只是她的爱好。照片并没有给她带来任何收益，贫穷的她为了支付房租，才卖掉那一箱子底片。

一个平凡得不能再平凡的女人，没结过婚，没有爱情，从未把照片展示给他人，甚至自己也没有看过所有的照片。但能说她什么都没有得到吗？她在不断寻找、拍摄的过程中，发掘着生活的美，记录了城市的历史。如今，薇薇安·迈尔这个名字成了一个传奇，也成了公认的伟大摄影师。接踵而至的荣誉虽然不能让去世的人得到安慰，但她的故事已经被每一个美国人熟知，她让人们突然意识到，一种持之以恒的生活方式，是多么有意义。

将自己的爱好坚持下去，究竟能得到什么？能得到金钱吗？也许能也许不能，至少薇薇安并没有得到。能得到名声吗？也许能也许不能，很多大师在死后才声誉鹊起，根本不知道自己有多大名气。能得到他人的崇拜吗？也许能也许不能，就算是名人，也不是所有人都知道、都崇拜……如果你的爱好只是想得到这些，你的失败概率很大。

但爱好又不是毫无价值的，不，它有极大的价值，甚至能够改变我们的人生。它让你生活中的很多个瞬间都是充实的、有颜色的，它让你积极，让你主动，让你快乐，它代表生命的激情，让你发现在平淡的人生中，你可以建一个自己的心灵乐园，你可以在那里充分领略自己的才能，在这个乐园里，你是唯一的主人，你的领土还会不断扩大。

这才是爱好的意义，它既然起源于一个人对某种事物的兴趣，就必然是内向的，自我的，而且是非功利的。当薇薇安拿着相机走在芝加哥街头，寻找一个好的拍摄角度，看到一位漂亮或有趣的模特，捕捉到一个生意盎然的场景，她比街头的任何一个人都要开心。尽管摄影没有给她带来境遇上的改变，却让她的心灵始终充满活力。

很多缺乏激情的人都没有真正的爱好，他们曾尽量去尝试，想找一个打发时间的娱乐项目，可是，没有什么能吸引他们，他们也浅尝辄止，不肯深入了解。这种停滞有两方面的原因，一来他们并没有找到真正适合他们的爱好；二来他们不肯深入，还没有发现事物的真正乐趣所在。所以，人们必须不断尝试，才能找到真正适合自己的爱好。甚至，最初不那么喜爱的东西，长期接触后，会发现它成了生活难舍难分的一部分，成了爱好！

接下来就是坚持，这才是最难的。爱好带来花朵般新鲜的感觉，也会带来孤独和苦闷。当自己的爱好没有人能理解，自己的成就没有人来赞美，自己的付出没有任何褒奖，人们就会怀疑其价值。这个时候，必须相信爱好的主要价值是心灵上的，而不是世俗上的，它的主要作用是让我们的心灵更加安稳充实，而不是让生活更加富裕。有这种认识，才能坚持下去。

苦闷也会随之而来，爱好可能会给我们带来许许多多志同道合的朋友，也可能让我们更加孤独。当我们无人交流，不知如何进步时，又会对爱好产生怀疑。这个时候还是要放平心态，爱好一件事物，本身就是灵魂与事物的交流，尽力理解，尽力做得更好，从中得到乐趣，才是我们的主要目的，不要把爱好想得太复杂。

爱好倘若脱离了坚持，就不是真正的爱好。三天打鱼，两天晒网，那只是娱乐。所以，当你发现一件事物强烈地吸引你，当你已经把它纳入自己的生活，就一定要告诉自己坚持下去。随着爱好的深入，它会在不同阶段为你点燃不同的激情，你会发现生活因一个爱好而多姿多彩，你会庆幸你认识了这件事物，你的生命也将因它而不同。

激情加油第三站：勇于尝试的心态，也是激情

激情大多与新鲜刺激有关，古人提倡“读万卷书，行万里路”，就是想让人们多出去走走，多看看那些不同的风土人情，多尝试自己从未见过的事物，唯有如此，才不会在一方小小天地里变成一个书呆子，才能吸收新鲜的知识保证思维的活跃，也才能保证生活的激情。

所以，勇于尝试是保持激情的好办法，看到什么事，想要试一下，想要问一问，这种好奇心就是激情的引线。如果能把好奇心上升为行动，你会得到的将不只是好奇心的满足，还有整个生活的充实。

“见过羽毛状的沙漠吗？”

美国青年普纳在推特上发表的一组照片，让他的朋友们惊喜不已。这个假期，普纳一个人跑到了遥远的罗布泊，他拍下了奇特的羽毛状沙漠，科学家还在研究这种沙漠的成因，普纳只想和朋友们分享这一奇观。这不是普纳第一次分享沙漠照片，他还曾经拍过蜂窝状沙漠、梯田状沙漠。不要以为他是个沙漠爱好者，他还喜欢峡谷和瀑布，他拍摄的峡谷照片还曾经刊登在地理杂志上。

没错，普纳是个旅行兼摄影爱好者。这两个爱好几乎改变了他的人生。从前，他是个非常平凡的青年，读着普通的大学，学着不感兴

趣的专业，每天和身边的朋友一样上课、娱乐。偶然一次，他被拉去墨西哥参加徒步旅游，从此爱上了这种休闲方式。

他突然开始认真学习，不旷课，认真地复习每一门考试，为的是拿到丰厚的奖学金，买他想买的摄影设备；他的业余时间也不再是流连聚会或逛街，而是频繁地出入旅游爱好者聚集的咖啡馆。从前他是一个只爱随大流的盲从者，现在他成了一个组织者，有时在网络上发起同城摄影交流活动，有时干脆组织二十几个人包了大巴，一起出去旅游。

普纳以前不善言辞，但旅游途中需要交流，需要与队友们合作，作为组织者更需要沟通能力，他迅速地提高了自己的沟通水平，就连他自己也想不到，他可以和英国的农民侃侃而谈，可以在中国西部城市连比带划地买东西，可以在墨西哥和当地人一起聚会联欢，他说，倘若没有他的爱好，他一辈子都不知道自己能做这么多事。

越来越多的人羡慕普纳的生活，佩服他能够按照自己的愿望做想做的事。对此，普纳不以为然，他认为每一个人都可以生活在激情中，保持快乐的状态，关键在于他们究竟有没有这个愿望，有没有决心为了自己的愿望，做那些从前不敢、不愿做的事。

尝试带来激情。围绕一次尝试，你必须提高自己的能力，必须应付从前应付不了的困难，当大目标确定后，你会乐意做出一些改变，你会发现之前认为做不到的事其实没那么难，你甚至会庆幸自己试过了，不然就不可能知道自己的能力究竟有多少。尝试，保持人们生命的热情，每个人都应该做一个尝试者。

尝试未必能带来收获，有时甚至会让你费时费力白忙一场，别人说你瞎忙，你自己都会觉得太浪费时间。但是，失败同样有意义，失败能够让你正视自身的缺点，能够让你得到丰富的经验。而且，不论尝试什么，只要用心，你都会深刻地了解某一事物，积累了自己的知识，丰富了阅历，至少，这件事会成为有趣的谈资，当你和别人说起自己曾做过这样一件失败的事，你得到的不会是嘲笑，而是他人的吃惊，他们会饶有兴致地问："你竟然做过这种事，真不可思议！能说得详细一点吗？"可以说，勇于尝试的人从来不缺少谈资。

可惜，现代人的思维里有太多"价值论"，想要做一件事时，他们会不断问自己："做这件事有什么用？""能够给我带来什么好处？""会浪费我多少时间？""成功率有多少？""是否得不偿失？""这样做有意义吗？"想得多了，事物丧失了吸引力，人们变得兴致缺缺，再也提不起劲，一次很好的激情就这样被价值论扼杀，人们带着惋惜，庆幸自己做出了"明智的"选择。

看，扼杀激情的最大因素，并不是担心能力不足而引起的胆小，担心经验不够而引发的畏缩，而是我们头脑里给自己定下的各种限制。不能耽误时间，不能浪费精力，做自己该做的事吧，这才是一个成年人的规矩——可是，该做的事究竟是什么？按部就班地工作？安安稳稳地生活？尽量避免意外？少做不靠谱的尝试？

可是，正是因为每天都在做这些事，我们才会失去激情，才会缺乏动力，才会抱怨无聊，才会觉得生活琐碎不堪。我们该做的事，难道就是守着没有活力的规矩一直到来？多么矛盾的现实，这就是我们应该接受的吗？

相信你也不愿意一直维持这个状态，那么何不像普纳一样，给自己找一个新鲜刺激的爱好，在未知领域享受探索的乐趣？就算你去了沙漠，只要有心，也能在沙漠里发现一片有趣的天地！当心中有目标的时候，你的情绪和精力会被充分调动，你会觉得每一天都是新的！

所以，别再抱怨生活缺乏激情，现在开始就去寻找那个点燃你的引信。暂时找不到也不要紧，多尝试那些新鲜的事物，多看看身边的朋友在尝试什么，从他们那里得到经验。不论是旅行还是研究，是养花还是养动物，是接受艺术陶冶还是接受自然熏陶，是瑜伽还是户外运动，你尝试的越多，就越会发现激情无处不在！

激情加油第四站：能折腾，经得起折腾

你一定听过这样一个故事：有一个经常出差的人，常常买到站票。不过，他每一次都能找到座位。这让很多人感到惊讶，在一些拥挤的车次上，为什么他还能找到座位？究竟有什么秘诀？这个人的答案很简单。

“一直找下去”。这个车厢不行，就去下一个车厢，多看，多问，只要一直找，一定会看到空座或找到一个下站下车的人。回答平平无奇，根本算不上秘诀，但有多少人做得到呢？没有座位的人会产生一种安于现状的惰性，认为自己买到站票，就应该没有座。就算他们在其他车厢寻找，也不过找上两三节，就再也不想折腾。只有这个人会一直找下去，直到找到最舒服的状态。

不要抗拒老掉牙的故事，能够流传的老故事通常大有学问。我们为什么缺乏激情？就是因为把任何事都看得太过平凡平淡。其实任何一件事，哪怕这样一个老掉牙的故事里，也有值得思考的有趣之处，也可以提炼出他人的智慧，甚至唤起我们对事业的激情。不如现在就来说说这个故事和激情的关系。

首先应该想想，为什么车厢里那么多买站票的人，有人能够找到座位，有人找不到？很简单，大多数人懒得一直找，他们总有这样的心态：

1. 没座就没座吧，谁让我买的是站票

典型的逆来顺受心理，别人安排什么，他就做什么。即使偶尔想想改变的可能，看到没有机会，就放下念头。很多人都这样，给自己划定了一个界限，再也走不出去。他们甚至会嘲笑那些来来回回找座位的人，认为他们都在白费力气，只有自己是个识时务的高手。那么如果别人找到座位呢？他们心里后悔自己没去找，嘴上却说别人只是“撞大运”。

2. 折腾什么？还不如站着

典型的不思进取，只要有一个相对能接受的环境，哪怕自己不那么满意，也劝说自己“那么做更累，还不如现在这样呢”。于是，安于现状渐渐变为胆小，变为循规蹈矩，变为自我麻痹。站得久了，再看看拥挤的车厢，竟然觉得自己有块儿站的地方就不错了。人的进取心就是这样一步步退化，退他到自己都察觉不到自己的麻木。

3. 折腾这么半天也没结果，不折腾了

典型的半途而废，从最初的有干劲到遇到困难放弃，不断给自己施加负面暗示，花费了很多力气，有时只离成功几步远，却选择了放弃，让人惋惜不已。难怪古语说“靡不有初，鲜克有终”。这样的人大量存在，他们一生中有很多机会，都败在了第 99 步的劳累上，终于没能成功。

4. 站着比坐着好

这是典型的精神胜利法。明明不舒服，还要找借口证明自己舒服，生活中，我们会看到很多这样的人，他们说这是自我解嘲，是黑色幽默，其实就是一种不肯努力又要面子的劣根性。这样的思想倘若不根除，他们会始终当个幻想中的胜利者，不做任何改变。他们唯一的激情就是做白日梦，而生活会越来越差。

不论生活还是工作，都要求人们经得起折腾。所有激情都是一时的，点燃那一刻，人们亢奋，充满干劲，接下来是什么？不是一帆风顺，是一次接一次的折腾。所以，想要把握住激情，想要把激情变为成就，必须不断折腾，不断面对困境，战胜困难，尤其不能半途而废。一切折腾都有意义，你会发现你的心理承受能力越来越好，意志越来越顽强，经验越来越丰富，创意越来越多，你的生活正由无聊乏味向多姿多彩转型，这时，你还抗拒折腾吗？人生，就是要折腾！

第六章 不关注健康的人，一定没有可靠的未来

健康问题，是人生最基本的问题。不论你有多么优秀，你的事业有多么顺利，生活有多么和睦，前程有多么似锦，一场疾病就能摧毁你的一切。

亚健康正成为现代人的常态，不关注健康的人没有可靠的未来。趁着年轻的时候树立良好的保健意识，健康是最有意义的投资！

只需要一个故事：讲好你自己

对现代人来说，保重自己的身体，重视自身的健康，是生活的重心和关键。否则，即使有再多的天赋、再好的机会、再远大的前程，也会被疾病打断，甚至被死亡葬送。

有多少人因为健康而英年早逝？

“过劳死”让人们警醒，毫无预兆的直接死亡，让人们不得不正视恶劣的生存环境，究竟是什么导致了过劳死？是过重的劳动？还是不良的生活习惯？

“亚健康”时刻困扰着现代人，地铁上人们不住打呵欠，脸色欠佳、精神不振的人比比皆是，他们抱怨着身体这样那样的“不对劲”，这种“不对劲”的根源在哪里？

在死亡面前，每个人都很渺小，人们不得不面对不幸的意外：交通事故、犯罪、食品安全疏忽、火灾、地震……太多事能在瞬间夺去我们的生命。就算能够平安到老，还要面对各种疾病，最终逃不过死亡。生老病死，是自然界的规律，人们无法抗拒；各种意外，毕竟是小概率事件，只要多多留意，没那么容易碰到。真正威胁到人的生命的，是现代人对健康的忽视。

大多数人不重视锻炼，他们认为躺在床上才是最好的休息，或者，看看电视，打打游戏，才是放松身心的好方法。身体总是在工作间里蜷曲着，四肢得不到舒展，肌肉得不到锻炼，心血管得不到有益的扩张，就连呼吸的空气也是污浊的，长此以往。神经倦怠，皮肉松软，器官疲惫，人的精气神跟着松弛下去，健康，日渐远离。

各种不良习惯也在加速健康的恶化。熬夜，吃高糖高脂的食物，不正确站姿和坐姿，长时间对着电子产品的辐射，不重视睡眠质量和生活质量，都会让人们免疫力下降，健康状况持续走低。更可怕的是，人们还容易产生讳疾忌医的思想，总想挺一挺，忍一忍。人体有时候十分坚强，能够一直坚持下去，直到人倒下那一刻……

人们常把人生比作一个长长的故事，有些人的故事十分精彩，就像传奇；有些人的故事有些平淡，但细水长流也有各自的美；有些人的故事大起大落，带点惊险；有些人的故事从低谷到高峰，十分励志。在这么多的故事中，最可惜的便是那些突然落幕，只有一半的，他们无一例外因健康问题提前结束了生命，人们总是忍不住设想，倘若他们正常地生老病死，他们的故事将会有怎样精彩的后半部?

每个人的人生都只有一个故事，我们唯一应该努力的就是讲好自己。珍重自己的健康，是为了得到更多的时间、更多的精力、更多的机会来扩展、完善、继续自己的故事。只有一半的人生即使精彩也不完美，只有完整的，才是最好的。

意外的健康杀手

按时吃饭，适度运动，保持睡眠，均衡营养，定期体检，做好这些事的人，大多有一个健康的身体。不过，有些健康杀手是人们容易忽略又普遍存在的，它们会悄然地改变你的身体状态，当你病了，你甚至意识不到是它们在起作用。赶快来认识一下它们，多多注意，不要被它们偷袭！

1. 生气

生气伤肝，这是古老医学留下的智慧。你也许不知道，生气不但伤害肝脏，还会在大脑血液中增加毒素；还会因情绪冲动而呼吸急促，出现过度换气；还会使胃部的交感神经兴奋，作用于心脏和血管，使胃肠血流量减少，蠕动减慢；心脏病高血压病人倘若生气，后果更加不堪设想。那些常年脾气暴躁的人，身体也不会特别健康。

所以，不要老是和人生气，把心态放宽，得饶人处且饶人，能糊涂时就糊涂，你脾气好，身体就好，人缘也会好，一举多得。何必整天为小事怄气，让别人说你是小气鬼，不小心结了仇家，还要伤了身体？这笔账划不来！

2. 电子产品

电子化时代，我们生活中到处都是电子产品，电脑、手机、超大屏幕电视、PSP……层出不穷，用都用不过来。商家们还在不断开发新产品，你的未来就是被这些产品包围。当你赞美它们节能环保高效率、美观有趣好携带的时候，想想你的视力吧，想想你的颈椎吧，想想你的大脑吧，再想想你的时间、精力和睡眠吧！

没错，电子产品有极大的负面影响，最大的影响就是辐射，对视力的影响最为显著，你的眼镜度数一直在增加，不要因为它不是绝症就不在乎；辐射还会影响到皮肤、骨骼和内脏，皮肤比较明显，对着电脑时间长了，又干又粗糙，骨骼和内脏你却看不到。不要以为在电脑旁放盆仙人掌就能拯救你，它根本没多大作用。还是少对着那些辐射源吧！

3. 熬夜

很多人都知道熬夜有危害，其实他们并不知道这个危害究竟有多大，甚至天真地以为只要第二天把睡眠补上，这个危害就不存在。熬夜对皮肤、大脑和胃有很大伤害，也会给其他器官带来压力，这是补不回来的。而且，熬夜就要吃夜宵，会导致你的肥胖。熬夜会掏空你的精力，你的体力和抵抗力会越来越差，直到免疫系统崩溃。

4. 清洁用品

你肯定认为，洗护剂啊清洁剂啊都是为了让你更加干净才会发明的产品。唉，不论它们的功效多么卓越，它们也是化学产品。特别是那些非环保类的清洁剂，对你的皮肤，对你的衣物，对你的厨具，对你的家庭用品，都在清洗的同时产生元素污染。你害怕了没？一定要认准那些有保障的品牌，减少危害。在这一方面，千万不能贪便宜！

5. 抗生素药物

是的，药物也可能毁掉你的身体。老祖宗有名言：是药三分毒。告诫我们没事不要乱吃药，否则就会出事。如今，滥用抗生素已经成了一个国际性难题。抗生素损害了患者的器官，还可能导致二次感染，使患者产生耐药性导致药品作用降低……种种危害说不尽。所以，一定不要主动购买非处方药，不要主动要求服用抗生素药物，更不要把抗生素当成家常便饭。当然，如果需要治病，一定要遵医嘱，不可自己中断服用，否则后果更加严重。

6. 抽烟、喝酒

小孩子都知道抽烟不好喝酒不好，但人们依然沉浸在烟酒中。美酒成了文化，香烟成了成熟的象征。适当使用当然可以当作生活的调剂，但过度使用简直是灾难。且不说烟酒带来的对身体的伤害，身旁的人往往因此遭殃，他们被迫吸二手烟，被迫承受酗酒者的胡闹，真是烦不胜烦。为了个人形象，为了身体健康，为了社会和谐，请少抽少喝，或者干脆不抽不喝。

身体健康，今生最大的投资

垃圾食品和缺乏运动已经成了全世界的难题，欧美国家设立减肥周，提倡在一周内远离高脂食品，吃健康食品；日本干脆颁布法律；各个国家都在倡导健身。这些措施成效不大，人们依然在高压工作下胡乱饮食，回到家倒头就睡，甚至没有规律的三餐和作息。随之而来的是身体早早出现问题，健康情况下滑，社会医疗资源随之紧张。

对个人的影响显而易见，不少现代人感叹，赚了不少钱最后给了医院，不是在治病就是在疗养，何苦呢？但要让他们真正认识到这一点，真的能认真对待健康问题，又有很大难度。人们总是好了伤疤忘了疼，能懒一会儿是一会儿，也不太懂得享乐和饮食的节制。他们不明白，身体健康也是一种投资，根本不应该等待他人或疾病来提醒，更不要说国家的法律。

投资，无论何时都是热门话题。人们的思维正在转变，特别是年轻人，都知道把钱放在银行，利息少不说，还有可能贬值，不如去投股票基金，回报率更高。运气好的话，还能赚不少。他们的投资思想十分狭隘，只看到“钱生钱”，不知道生活中的很多东西都能升值，能够带来金钱上的回馈，例如健康。

健康能回馈给我们多少东西？延缓衰老就是延长事业期，不生病就节省了时间和金钱，精力充沛保证了我们的工作效率，良好的身体状态让我们有勇气做任何想做的事。这些都是金钱买不来的东西。所以，一定要关注自己的健康。

从每日的时间里抽出一些交给锻炼。

从每月的工资里支取一些交给养生。

改掉一些不良习惯，确保身体的正常运作。

投资健康，一本万利，你可以很快看到效果，而且受益终身。

熬夜加班有害健康

阿涂是个正在试用期的网站编辑，他很满意应聘的这家公司，有意在上司面前好好表现，争取三个月后留用。白天，他忙得脚不沾地，就为了给上司留个“认真”、“勤快”的印象。就连晚上，他也煞费苦心，不但主动加班到半夜，还拍了工作台和泡面的照片发到朋友圈，说一些“今天仍在努力工作”之类的感慨。试用期内，他拍了不少这样的照片。他知道不但朋友会看到，上司也会看到。这样勤劳的员工，怎么能不留用？

没想到三个月后，公司并没有和阿涂签合同，和他一起试用的两个新人留了下来。阿涂大为恼火，他认为自己不论能力还是用心，以及加班的频率，都超过另外两个人，为什么留用的不是他呢？他百思不得其解，鼓起勇气给上司发了一封邮件，询问原因。

上司爽快地回复了他。原来，问题出在发在朋友圈的那些加班照片，上司说，公司并没有给新人太多的任务，只要用心，根本不需要加班去做。会加班，说明阿涂效率太低，这样的人不适合当网站编辑。

聪明反被聪明误，阿涂哀叹一声。看来，他不得不重新思考用人单位的标准。

这是一个关于“弄巧成拙”的职场小故事，可以给我们很多启示。最大的启示并不是工作态度真诚与否，而是公司究竟需要员工做什么。老板不是吸血鬼，公司也不是为了压榨员工血汗才存在，用人单位并不需要你废寝忘食，日夜颠倒，只需要你按时完成自己的任务，换言之，他们需要的是效率。

站在老板的立场来看，一个一小时完成工作的人，和一个十小时完成工作的人，孰优孰劣，一目了然。那些不断加班的人未必讨得上司欢心，而高效率的能人走到哪里都受欢迎。所以，与其熬夜拼身体，不如研究如何提高工作效率，节省时间精力。

“没弄完，只能熬夜做了。”

“我已经三天没好好睡觉了。”

“工作没做完，睡不着。”

我们常听到这一类的话，也许自己也半是埋怨半是邀功的说过。如果我们愿意仔细分析，有多少人工作没做完，是因为拖延、因为方法不对、因为不够重视？恐怕有一大半！但是，熬夜就有用吗？熬夜的“熬”，已经说明夜间工作的低效率和对健康的损耗。

劳累一天还要加班，效率降到最低，此时工作几个小时，恐怕也比不上休息充足后的一个小时，熬夜划算吗？

工作到三更半夜，睡上几个小时匆匆上班，第二天效率持续下降，任务依然完不成，回家后继续熬夜，恶性循环，熬夜能保证工作质量吗？

熬夜久了，精神头越来越差，提神靠香烟和咖啡，赶任务靠继续熬夜，身体状况持续下滑，生物钟紊乱，皮肤和身体器官一起出问题，熬夜有好处吗？

可见，在各种工作习惯中，熬夜是最为有百害而无一利的一项。倘若一个人能在工作时候专心致志，他的效率就能提高；戒掉拖延，有事马上就做，效率依然能提高；合理安排时间，各种工作按难易轻重程度交替进行，效率还是会提高；注意休息和锻炼，保持身体的活力和头脑的清醒，效率依然会提高——如果做到这些，你还需要经常熬夜，那就不是你的问题，而是你的公司的问题，赶快跳槽离开这个地方吧！

健康习惯老生常谈 1：运动没有你想得累

说到健康，人们首先想到的当然是运动。谁不知道运动的好处？有氧运动让身体各个器官得到锻炼，促进人体循环，让人更健康；针对性运动塑造肌肉和身体线条，让人更加挺拔耐看；运动成为习惯，人的精气神就会随之充沛，做事越来越专注，不像以前那么累；运动是对大脑的保养，适当的运动可以让大脑更加活跃；运动可以让人的睡眠安稳，还能让人的胃口好，免疫力也随之增加……运动的好处说也说不完。

但是，又有几个人能坚持运动呢？在树木环绕氧气充足的公园里做运动的，大多是退休的老人；清晨傍晚长跑的人越来越少——当然，这也和空气质量有关；健身房倒是很流行，但办了卡的人来过几次，再也不见踪影；拉丁舞、健身操、瑜伽，各式各样和运动有关的课程也大行其道，同样有人三天打鱼，两天晒网。运动这么好，为什么人们提不起劲？

答案很简单，累啊。

现代人叫累的理由太多了。工作时间加上通勤时间，足有十个小时以上，一天的精力消耗一空，回到家只想躺、想玩、想轻松，谁还想和哑铃健身毯跑步机混在一起，更不要起来穿上运动服跑鞋再出一趟门。累，从四肢肌肉到大脑中枢，全身上下都散发着这么一个信号，再去运动40分钟，明天还能不能起床了？

“其实运动没有你想得那么累。”

这句话几乎成了健身教练Andy的口头禅，他对每一个他负责的学员反复说，也经常督促自己的家人。Andy为人老实和善，他设计的循序渐进的减肥方案很受学员欢迎，有位学员减肥成功，将对比照发在网上，还热心推荐了Andy，结果，来健身中心指名Andy当教练的人大增。让Andy头疼的是，能真正坚持下去的人并不多，他总是苦口婆心地教导学员一定要坚持，他还开了个公共微信，指导更多人在生活中进行自主健身。

Andy说，人们把运动想得太复杂，总觉得运动需要占大量时间，还会影响体力，而且必须坚持不然会反弹。其实运动本来就应该是日常生活的一部分，是人的一种习惯，结果现代人反而把它放到对立面，成了任务，这种心态根本不对。

一个很少运动的人刚开始运动的时候，的确要面对很麻烦的局面。太久不舒活的筋骨突然拉开，带来难以忍受的酸麻疼痛，一次运动下来，腰酸背痛持续好几天，手脚都变得沉重，这种情况让很多人退却了，他们本来就累，不想再增加身体的负担。而且，这负担还要持续至少一周以上。现代人大多没耐性，只需要连疼三天，就能让他们找到不运动的理由。

但如果坚持下去，变化就会发生。最显著的就是身体已经记住了当前的运动量，开始自行调整，各个部位的承受能力开始增加，人没有那么累了。而且，运动过后，汗液挥发，身体变轻，神清气爽，晚上入睡变得容易，第二天的精神也特别好，工作也没那么累了。

大约过了三周，身体似乎已经形成了一个运动生物钟，每到锻炼时间，就有想动一动的冲动，连头脑都会释放运动信号。不用别人提醒，自己就会爬起来穿上鞋往外走，跑个几分钟，身体就调整到舒适的运动状态，整个人也沉浸在有规律的动作中，不会像以前一样老想着“怎么还不结束”。

当运动成了习惯，坚持并不费多大力气，只要不中途长时间停止，每个人都能坚持下去。Andy 一直这样说，他鼓励他的粉丝们一定要动起来，动下去。他的家人们在他的带动下，已经把锻炼当作日常生活的一部分，就算星期天也没人睡懒觉。这一家人精神奕奕，很少生病，让小区的很多人羡慕。Andy 把他和父母、妹妹的照片贴到微信上，鼓励更多的人参与运动。

运动最难的地方在于坚持，我们都有过兴冲冲制订健身计划的经历，从最初的雄心勃勃到最后提也不再提，前后可能不到一周。“等我下定决心就运动。”很多人说过这句话，但很少有人能下定这个决心，可见运动多么需要决心，多么艰难。

但就像健身教练 Andy 说的，运动没有人们想得那么累。

人们对运动的误解和惧怕来自内心对自我的了解。如果只是最初一段时间的累，很多人都能熬过去，人们最害怕的其实是坚持，运动不能断，一旦中途停止，就很难再下定决心重新运动，这似乎是一条定律。可是，想到要把一项活动坚持个几十年，谁有这样的信心？那代表着自己习惯的生活，都会因为这个新的习惯而改变。

从此不能睡懒觉了，从此每天都要打卡似的完成运动，仅仅这两项，就让很多人望而却步。把运动纳入生活，会耽误休息，会有一种任务式的压力，这是很多人对运动的误解。运动的好处呢？可以带来的几十年的健康呢？他们不是不知道，只是他们还年轻，还有大把精力，还不想为健康操心。

现在我们能明白，为什么在公园里锻炼身体的大多是老人。不是他们觉悟高，而是他们到了必须锻炼的年龄，他们更能切身地体会到运动带来的好处，降脂降压，缓解病痛，让人更有精神，脑子也更清楚，他们后悔没能更早地开始运动。难道我们也要等到这个时候，才开始加入运动大军吗？

不要让你的生命太被动，运动起来，你会发现它带来的益处远远超过身体上的那点劳累，它甚至是你加班加点、吃喝玩乐的重要保证。运动还有一个非常重要的特性，运动时，大脑会分泌一种多巴胺，它是一种能让你快乐的成分，会扫清你的负面情绪，让你有活力，运动起来，疾病、抑郁、烦躁、劳累都会远离你，这样一本万利的事，还不快去做？

健康习惯老生常谈 2：食物那么多，不要吃垃圾

常言道，药补不如食补。

温温从小就有很强的养生观念，这是因为她的外公是一位老中医。外公去世早，温温的妈妈不是医生，却继承了父亲的一套养生哲学。温温家的饭菜特别讲究粗细均衡，荤素搭配，饭桌上几乎从来没有快餐类食品。温温小的时候，和其他小孩子一样想吃零食和快餐，妈妈偶尔会让她吃一次，不许她多吃。

工作后，温温在大城市独居，她依然保持着良好的饮食习惯，不管多忙，都不会放弃自己给自己做饭，每天水果、蔬菜、蛋奶、肉类平衡搭配。她的身材一直很苗条，身体也一直不错，很少生病。每当她看到不少同事买来各种维生素片和蛋白粉，甚至推荐她试一试，她就会语重心长地告诉他们："其实，只要你们好好吃饭，所有的营养全在食物里，何必吃这些药片。"

温温认为现代人的养生观有很大问题，明明好好吃饭就能解决的问题，非要买一堆药片和口服液；想减肥不好好运动，偏要吃减肥药和代餐粉；想要健康不注意膳食搭配，一味迷信补药。每当温温把自己的养生经验和人分享，却只是听到一堆"太忙了，哪儿有时间自己做饭"、"太累了，哪儿有时间运动"、"太复杂了，买着吃多方便！"

温温不同情这些人，他们就是懒！

你的家里有多少厨具？你的冰箱里放了什么？你的手机里有没有饮食类软件？

也许你和很多人一样，家里只有一口煮面的锅和几个碗，放在厨房里落灰；冰箱里放的是零食和方便食品，打开就能吃；手机里下载了美食推荐类软件，你每天刷它，决定今天去哪里解决中餐和晚餐……自己做饭？太麻烦！不吃垃圾食品？那吃什么？为什么有这种生活习惯？方便！

这种饮食思维的实质，就如温温所说——懒。

因为懒，所以不注重生活品质，宁愿上网聊天也不肯自己做一顿饭。做一顿饭需要多少时间？快手餐的话，十几分钟就能完成洗、切和摆盘，其余时间根本不需要你站在厨房。相反，你搭乘交通工具寻找餐厅的时间，可比在家里做一道菜要多得多！快餐并不能为你带来多大方便，你只是懒得自己动手而已。

需要再说说自己做饭的好处吗？经济，在外面吃一顿的钱可以让你在家里美美吃上好几顿；干净，自己做饭不用担心地沟油和食品添加剂；营养，自己做饭会注重荤素搭配，能够全面补充营养……至于味道，做饭需要慢慢练，何况，家常味道是任何大厨都做不出的，它让你感到安心、舒适。

烹饪也是一种乐趣。做出营养又美味的食物，也会让人取得成就感。倘若将食物的形状做出美感，你会得到所有人的赞扬；倘若注意食物与容器的搭配，掌握器物之美，你的生活会更精致；倘若结合古老的养生学，注重应季饮食，再把食物与应季颜色的器皿搭配起来，你的生活又健康又高雅，会让所有人羡慕！

市场上的食物那么丰富，今天做一样，明天做另一样，搭配着各色水果蔬菜，多么健康。用几个小时煲一道营养汤；把很多食材切碎做美味的粥；用最健康的油炸出大虾和鸡翅；亲手煎腌了一个晚上的牛排；在烤箱里放半只鸡；每天早晨打热乎乎的豆浆……想想有这么多美食等待你去探索，你还想吃腻味的垃圾食品吗？

健康生活是什么？好好睡觉，好好吃饭，好好运动。善待你的胃，就是善待你的生命。今天回家就去超市买点青菜水果，新鲜肉类，再买一口好用的锅，学着经营自己的健康吧！

健康习惯老生常谈3：矫正疾病思想

有些病是你自己“想”出来的，你相信吗？

古代有个国家叫杞国，杞国有个胆小的人，他经常想一些奇怪的问题吓唬自己。有一天，他看着头顶的天空，突然自言自语地说：“如果天突然塌下来，我怎么办？天这么大，我根本无路可逃，只能被活活压死！”

他越想越害怕，仿佛天马上就要塌下来，他马上就要死掉。他每天都想着这件事，茶不思饭不想，脸色越来越憔悴，身体越来越不好，最后竟然卧病在床。他的朋友们知道这件事，好气又好笑。一个聪明朋友决定去开导开导他。

这位朋友对病床上的杞国人说：“天不过是气体的聚集，你每天都在这些气体里活动，为什么还要害怕它塌下来呢？”杞人说：“如果天是气体，那些太阳、月亮、星星不会掉下来吗？”朋友说：“它们也只是气体中的发光体，掉下来又能怎么样？”杞人又问：“那如果地陷下去怎么办？”朋友说：“地不过是堆积起来的土块，到处都是这样的土块，你每天都在上面活动，为什么要担心它陷下去呢？”

朋友这番话让杞人茅塞顿开，他的病很快全都好了。

不论你为这个老故事笑了多少次，你依然会发现，这种人世世代代随处可见。你可能也有这样的经历，突然觉得自己没胃口，心烦意乱，失眠，头疼，于是去医院挂号求医，医生检查来检查去，不见任何病理变化。但这些症状仍在持续，晚上还是睡不着觉，白天还是头疼，感觉身体越来越差，比以往更容易感冒，心情也越来越不好，甚至怀疑自己是不是生了什么不得了的大病，去检查，依然“一切正常”。

与其担心身体怎么了，不如担心心理怎么了。

很多人的身体明明很健康，却总是一副病怏怏的样子，这是因为他们有一种“疾病思维”，就像故事里的杞人担心天会塌下来，好好的人突然病倒；现代人也经常因为心中各种各样的担心，各种郁结的情绪，而导致身体出现不良反应。

睡觉前还在担心明天的工作，你还能睡得好吗？

做什么事都担心自己没做好，神经总是绷得紧紧的，片刻不得轻松，你能不心烦吗？

心慌意乱处理不好生活琐事，看着一团散沙式的日程安排，你能不头疼吗？

睡不好、没胃口（吃不好）、提不起精神、压力超标，你能不生病吗？

看，从心理负担到生理病变，就是这么一个自然而然的过程。但也要知道，在这个阶段，人们生病也只是小病，身体状况虽然变差，却也没有自己想的那么严重。倘若认为自己得了什么大病，有了更加沉重的心理负担，身体就会更差，病就会更重。

现代医学已经充分认识到了心理对身体的影响，承认心理因素也能引发肉体疾病。更加科学全面的健康观正在被提倡，其核心是身心平衡。这不难理解，人的精神好了，病也好得快，不少得了绝症的人，因为精神状态好，心态积极，进而延年益寿，这可不是个例！

那么，疾病思想是怎么形成的呢？根源在于一个人没有形成好的健康习惯，导致他对自己的身体总是疑神疑鬼，认为自己快生病了。人体就像精密的仪器，各种器官和细胞共同作用，难免出现不舒服，这未必是大病——定期身体检查可以帮人们排除对大病的担忧。保持作息和饮食的健康，加以适当运动，就能保证基本健康。

此外，还要保证心理健康，心理因素才是疾病思想形成的最主要原因。

心事重的人容易生病。

古典名著《红楼梦》中，女主角林黛玉是多愁多病的典型。林妹妹天生娇弱，但生在富贵之家，天天人参燕窝地补，按理说，她的身体状况怎么也该有点起色。但林妹妹多愁善感，有了不顺心的事必然大哭一番，偏偏她日日都有不顺心的事，动不动就大哭。如此重的心事，导致她的身体越来越差；相对地，薛宝钗幼时也生过大病，她事事看得开，不钻牛角尖，随遇而安，因此身体一天比一天好。从审美上来说，人们对林妹妹和宝姐姐有各自的偏爱；从身体保养角度来说，大家真应该学学宝姐姐。

压力大的人容易生病。

现代社会，每个人都有压力。随着年龄增长，压力只会越来越大。这个时候要锻炼自己的心理承受能力，抗压能力强，才能应对挑战。否则今天的压力已经让人不堪重负，明天的压力让人看不到前途，再有个突来的压力，也许就是压垮骆驼的最后一根稻草。长时期的心理超负荷，人肯定会生病。但压力真的大到让人生病的地步吗？恐怕有一大半是臆测中的风险、想象中的事故、猜疑中的不走运。一个人踏踏实实地努力工作，总会在社会上有一席之地——有这样顺其自然的想法，你的压力还会那么大吗？

过分焦虑容易生病。

有的人天生爱担心，他们的笑容不多，总是担心这个焦虑那个。工作的时候担心失业，学习的时候担心白费力气，与人交往担心被骗，总之，他们总是以一种消极的思维对待生活中的一切，而且还认为这样的自己有危机意识，目光长远。他们对危机意识到底有什么误会？危机意识是对未来的良性担忧，产生的是争分夺秒的动力，而不是杞人忧天的压力。科学研究，人们所担心的 70% 以上的不幸事故都不会发生，所以，没事不要庸人自扰，自己吓唬自己。

排解心事，看轻压力，减少焦虑，你就能从根本上摆脱疾病思维，让心灵以轻松的状态迎接生活中的挑战。当你感到没来由地头疼胃疼睡不着的时候，不妨先从心理上找一找原因，千万不要成为疾病思想的俘虏！

健康习惯老生常谈4：把握你的工作和休息

关于休息，人们有三种思维误区：

1. 工作与休息截然分开

这类人的思维比较古板，丁是丁卯是卯，该工作的时候，休息就是怠工、是耽误进程、是注意力不集中，他们在工作时保持百分百的专注。可是，这种专注通常很难持续太久，他们比旁人更容易劳累。一般来说，被工作累垮的多是这样的人。

2. 工作与休息含混不清

这类人经常把“劳逸结合”放在嘴边，其实他们根本搞不清楚什么时候该工作，什么时候该休息。他们经常在工作时间聊聊天打打游戏，然后不得不占用休息时间加班，弥补进度上的不足。他们看上去很轻松，实际上却延长了不少工作时间，每天都很累。

3. 工作为主，休息只是辅助

这类人根本没有休息的概念，他们只把休息当作工作时的必要停顿。也就是说，他们有休息的概念，知道什么时候该休息，但休息仅仅是为了工作，而不是为了放松身心。他们经常把工作带到家里、带到假期，他们就是传说中的工作狂，任何时候都在工作。

可以说，和休息最为息息相关的就是工作，二者相辅相成。倘若整天躺在床上，你不会觉得舒服，甚至会全身难受。适度工作以后躺到床上，你却能很快地入睡，睡眠质量还不错。这就是古语说的“一张一弛，文武之道”。想要张弛有序，就要摸清自己身体的“韵律”。

每个人的作息韵律都不同，有些人工作一个小时，休息半个钟头，能保证十几个小时的高效率；有些人工作半个钟头，休息五分钟，始终很精神。这是由一个人的精神状态和身体素质共同决定的，把握住规律，你就能最恰当地支配自己的时间，提高效率。

给自己一段时间，记录以下内容：

（1）一天的哪段时间，你的头脑最清楚？

（2）一天的哪几段时间，你特别容易疲劳？

（3）工作多长时间，你开始感到明显的劳累？

（4）一般的睡眠时间为多长？

（5）哪些因素令你分神？

（6）连续工作多久，你的注意力再也不能支撑？

（7）午睡时间多久才能解乏？

（8）锻炼多长时间，会觉得畅快轻松？

了解这些事，就可以开始制定自己的健康时间表。

首先确定一天的工作时间，一般人是 8—10 个小时。

把这段时间打散，插入小休息、午睡、阅读等内容，午睡时间不宜太长，锻炼时间最好放在工作前和工作后。

锻炼要以身体畅快为主，放在睡眠和工作之间。

工作时，杜绝任何让自己分神的因素。

在头脑最清楚的时间里学习或做最难的工作。

在特别容易疲劳的时间段休息或散步、聊天。

尽量不把工作带回家中，需要加班尽量在公司，轻松的家庭环境不会带来效率，反而让家中带上忙乱的气息。

休息时尽量不要想工作，让自己放空。

周六、周日和长假期的时间表需要另外安排，除了锻炼内容不变，尽量不要把工作带入假期。一个忘记工作的假期可以让你以最快的速度恢复元气，重新投入紧张生活。

此外，这张健康时间表不需要定到几分几秒，你只需要有大致的掌握，并尽量做到工作与休息穿插，就能保证一整天的高效率，甚至富余出很多个人时间，让你惊喜不已。而掐着钟点的作息，会和工作一样让人紧张，反而成了另一种压力。

第七章 跳不出舒适区，你就等着不断退化

自我舒适区，指一个人所表现的心理状态和习惯性的行为模式，人会在这种状态或模式中感到舒适。自我舒适区是人对环境产生的自我保护，在舒适区内，一个人能获得极大的舒适感和安全感；离开这个舒适区，人就会不安，会疲惫，会不知所措。

因此，舒适区并不是人们想象中的避风港，而是不可靠的避难所，它的作用是帮人们逃避现实。不从自我舒适区里跳出来，你就可能会不断退化，甚至变得不能适应这个世界。

舒适区，自制的温柔陷阱

每个人都有自己的舒适区，这个舒适区主要指性格、行为、思想上的某些习惯，只要不偏离这些习惯，不违背这些规律，就会让我们感到安全和幸福。在这个区域内，我们做什么都是对的，只要努力就有一定的成绩，不会让自己身心俱疲，它像个避风的港湾。

一旦走出这个心理舒适区，人们立刻变了脸色，怀疑和恐惧接踵而来。首先感到不自在，继而感到有压力，要做自己不擅长的事，别扭；要接触自己不熟悉的人，麻烦；要克服很难克服的困难，累。这些情绪一下子席卷而来，人们发现，还是在熟悉的环境里做熟悉的事最舒服。于是，舒适区扩大了，从最初的心理感受，固定为一项要求不那么严格的工作，一些关系不那么密切的朋友，一个属于自己的不那么宽敞的房间。

但是他们满足了，只要自己舒服，为什么不满足呢？就让一切都这样进行下去吧，不要想远大的志向，不要想自我的超越，只要享受这岁月静好现世安稳，多美啊。可是，偶尔看看舒适区外面的世界，突然感觉到巨大的落差感，这种失落怎么解决？只能不停自我安慰，说这样很好，别人是别人，我是我。

每个人或多或少都有自己的舒适区，包括心理和生活。这个区域的确提供了某种稳定和安全，也可以说，一直在这个区域并不会带来生活的风险，按部就班也可以慢慢进步，所以人们习惯舒适区，渴望舒适区，离不开舒适区。但那些有追求的人可不会这么想。

逃离舒适区并不是坏事，得到的不是居无定所的生活，可能是巨大的成就。一个人敢于离开舒适区，本身就有远大目标，有足够底气，还有决心和坚韧的意志。当他们脱离习惯生活，在挑战中塑造自己时，他们的观念、性格、头脑都随之改变，他们要去适应多变的社会，不断丰富自我经验，为的是取得胜利。

舒适区是我们自己制造出来的，我们将自己的生活、工作、能力、喜好一一衡量，选择那些最不费力的部分，当作我们的生活理想。其实它不是理想，而是个温柔陷阱，你会在舒服的生活中逐渐丧失进取心，逐渐只能习惯一种生活，应变能力离你远去，抗风险能力越来越差，你还会越陷越深，直到再也跳不出去，成为井底之蛙。

井底之蛙过着什么样的生活，也许不必为温饱担忧，也没有太大的风险，但活动范围只有那么一丁点，每天看到的都是相同的景色，竖起耳朵也能听到一些声音，却不知道别人究竟在做什么。这能称为理想吗？一个人的追求难道就是当井底之蛙？醒醒吧，别再沉溺在温柔的舒适区里，看看外面的世界，你已经落后太多，再不追赶就来不及了。

理想饱满，现实骨感

赵小民关掉电脑，迅速出了公司赶地铁。他在地铁口随便买了份快餐带回家，这是他每一天的晚餐。他正在为考研做准备，白天工作晚上复习，一分钟都不能浪费。他不知道离开学校三年，他还有没有机会回去。如果有机会，他一定争取留校，外面的世界实在不适合他。

赵小民怀念他的大学生涯，他是几个主要老师的得意门生，还是学生会的干部，有不少女孩子喜欢他，身边还有很多哥们儿。因为成绩好，他在学校做什么都顺利，即使他在人际交往上不那么灵活，脾气有点固执，别人也宽容他。可以说，他在大学那四年，是他人生中最舒服的四年。

他也有过创业的梦想，他的计划是大学毕业先进一家公司积累经验，过个几年自己出来搞IT。因为有这个打算，他拒绝了学校的保研资格，大踏步地开始他的新生活。

没几个月，他就被现实泼了冷水。他进的是一家大公司，人才济济，他这个大学时的高才生，在一堆高才生里不算什么。其他人不但成绩好，还有各种特长，总之，他们都比赵小民更适应社会，得到的机会比赵小民更多。

赵小民也试着向他们学习，无奈他既不会应酬，还总和同事有摩擦。有时候他需要拿着公司的产品去给客户演示，他一紧张，拙嘴笨舌说不清楚不说，还忘了很多信息点，导致客户不满。他还曾被客户投诉过。赵小民哪里经过这么多失败，一时间对自己失去了信心。

情况并没有好转，赵小民好不容易习惯了工作，却发现同期进来的新员工早已经走到了他的前面，有的甚至跳去了更好的公司。赵小民的业绩一直平常，能力虽然在提高却一直不够出色，他一天比一天郁闷。上司性格严肃，不太爱给人好脸色，这让赵小民更紧张，总觉得没多久自己就会被开除。

患得患失的日子过久了，赵小民更加怀念大学时代，那时候多好啊，根本没这么多烦恼。他为什么不考研，不留校做个老师？虽然工资不高，但活得舒服，不用这么累。他突然想放弃工作回学校。又过了一段时间，他因为精神总是不集中，弄错了程序，被上司训了一顿，这让他下了考研的决心。

赵小民联系了过去的老师，买了教材，每天刻苦读书，经过大半年奋斗，终于通过了笔试。至于面试，根本不用担心。他终于回到了梦寐以求的校园，并像他希望的那样留校了。这时他已经快到而立之年，他的工作是学生辅导员，偶尔带带课，想要职称，还需要努力几年。

婚姻问题摆在眼前，前几年他忙得没时间交女朋友，现在他工作才刚刚起步，找女朋友真不容易，只能拖着。这一天学校开毕业生招聘会，他组织学生参加，刚好看到了他以前的上司。从上司那里他得知，当年上司一直很看重他的能力，已经准备帮他升职，没想到他突然辞职了。一边说，上司一边摇头。

赵小民听了，摇摇晃晃，险些摔倒。他突然不明白，自己为什么还要回这所学校。

了解了舒适区，我们不难知道，所谓舒适区是心理上的避难所，用以抗拒现实世界里自己不想接受的一切。现实世界远不如我们想象得那么美好，路途是遥远的，紧赶慢赶总是很难达到目标；环境是有压力的，需要改变自己的个性去迎合；人心是复杂的，人与人的交往或多或少带着利益的冲突；工作是劳累的，似乎永远做不完；想要做什么事总是没时间，一再耽误……我们每天都要面对这些现实。

所以我们需要休息的地方，需要温馨的家，甚至给自己制造出心理上的舒适区。这个舒适区的原理很简单，从自己的理想处找一些碎片，勉强拼在一起，就像故事里的赵小民，他想要工作顺利、生活顺心、看得到稳定的前途，于是回到曾经有过风光的校园。他的生活不好吗？从某种意义上来说，他过上了自己想要的生活，那么他为什么后悔？

因为人的理想终究在现实之上，一个人不会甘于某一种现状。一旦进了舒适区，就再也不能进步，生活平淡又重复，丧失了理想和激情。如果不是太胆小，不是心理承受能力太大，谁能一直躲在舒适区里？偏偏这样的人太多了，有些人甚至把舒适区当作了目标。

人之所以会对现实产生畏惧，是因为现实与理想的差距实在太大了，大到他们站都站不稳，连连摔跟头。被摔怕的人只能躲进舒适区里，至少那里安全。俗语说，理想饱满现实骨感，不论你有多么大的梦想，只要接触现实生活，你都会觉得失望，觉得烦恼。对待这种落差的态度，导致了人与人的不同。

有人执着地缩短这段落差，有人执着地寻找舒适区，在一个较长的稳定时期内，二者似乎都很努力，都有所成就，后者甚至比前者更为稳定，更让人羡慕。但过了这个时期，你会发现前者不断进步，很快到达了普通人无法企及的高度；后者止步不前，可以预计一生只能如此。这是因为舒适区并不那么容易找到，需要付出一定的努力，找到后虽然能给人舒服，却从此将人限定在一个区域内，很难再有突破。

除非，这个人愿意主动打破。

同样是努力，同样是劳累，为什么不去寻找更高的地方，而只去找一个禁锢自身发展的舒适区？想要躲进舒适区的时候，不妨想想你迄今为止的努力，也许再坚持一下，再多走几步，你的人生就会跃上一个新台阶。如果你放弃，你会安全地降落在软绵绵的舒适区，睡上一个好觉，第二天醒来，你发现努力白费了，你的机会已经溜走，美好的未来与你无关，你只是一个贪恋安稳生活的平凡的人。

舒适常态：一等二靠三落空

舒适惯了的人，行动力变得非常差，他们希望尽量减少自己身上的负担，尽量延长休息时间，尽量少地承担责任。于是，他们的生活不可避免地出现以下三步骤，绝无例外。

1. 等

等待成了生活的常态，一件需要立刻去做的事，他们不紧不慢，想要等一等。为什么要等？他们等着有没有别人去做，或者等自己有了做的心情再做。一件事需要动脑思考，他们也要等，等着别人想到好办法再说。实在需要自己想，也要先打开网络搜索一下，总之，能不用脑就不用脑。他们本来有很舒适的生活，但这生活正在他们的懒惰中落空。他们看上去那样悠闲，那样无所事事，谁能知道他们只是在等，等待不劳而获。

2. 靠

依赖成了他们的救命稻草。在生活上，他们依赖自己的父母和伴侣；在工作上，他们依赖上司和同事；在其他方面，他们靠朋友。他们已经很久没有自己拿过主意，已经很久没有主动做过什么，他们等待着命令，等待着帮助，把自己的付出减少到最小，而对别人的期望却在成倍增加。可是，不会有太多人愿意长久地被他们靠着，他们开始失望，开始觉得别人靠不住，但他们依靠惯了，还是会厚着脸皮恳求别人，完全忘记了自己明明不比任何人差。

3. 落空

在舒适区舒适了很久，他们终于发现世界变了，那些舒服的日子突然遥远了，他们不再令人羡慕，反而让人不愿搭理。他们跟不上时代和潮流，他们掌握的都是老旧的知识，他们的应变能力一直降低，他们甚至不再自信，害怕面对风险。于是他们只能继续窝回去，这一次，舒适区不再让他们有安全感，曾经的避风港成了一个漏雨的小茅屋，在那冰冷的滴水声中，他们发现人生中的一切都在落空。

一等二靠三落空，不论是谁，只要耽于舒适，丧失进取之心，一定会面对这样的结果。等待和依赖本来就靠不住，只有个人的奋斗才是实实在在的。如果还有人要为自己的舒适区找个辩护理由，不妨看看下面的故事。

一个乞丐走在街头，他只有一只手臂，他年纪不大，只有 15 岁，他正看着铅色的云层发愁。看来要下雪了，他身上穿了一件好心人送给他的旧羽绒服，倒还暖和。他的问题是肚子太饿，已经三顿没饭吃，街上的人着急回家，谁也不愿停下来给他几个硬币。

他疲惫地走到一所房子前，那房子看着很大，也许他能得到一碗饭。他按下门铃，一个老妇人隔着铁门打量他。他不用费口舌说明来意，脏脏的头发和不精神的样子，已经说明了他的身份。他特意晃晃身体，让老妇人注意到他那条空荡荡的袖口，想要激发她的恻隐之心。

老妇人不为所动，她说："我这里没有多余的饭，但是，如果你帮我把堆在后院的那些煤块搬进屋里，我会给你一美元，还会给你一篮面包。"

乞丐愤怒了，他说："你在嘲笑我吗？我这个样子怎么搬煤？难道你没看到我只有一只手吗？"

老妇人说："一只手为什么不能搬？就连我这个老太太，也可以用一只手拿起煤块，你是个身强力壮的年轻人！"说着，她带他进了后院，用一只手拿起一块沉重的蜂窝煤，提进屋子。乞丐想了想，终于开始干活。他肚子饿，又只有一只手，搬这些煤块累得他气喘吁吁，但他终于拿到了一美元和那篮面包。这让他在三天之内免去挨饿和没有住处。

这件事给了乞丐很大的启示，他开始找工作，打零工，自食其力。一开始没有人雇用他，好在人性本善，一些小店的老板照顾他，给了他一些工作。这个故事的结果并不是乞丐成了大老板，但他脱离了乞丐生涯，经过十几年努力，自己也开了一间食品店，有了家庭。他也没有亲自上门对那位老妇人诉说自己的感谢，只是在老人来店里买东西时，多送一些蔬菜和水果。他知道这间小店，就是对老人的教诲的最好感谢。

一位乞丐也会有他自己的舒适区，只要他不停走动，不停开口，他就可以不劳而获，有吃有住。在他们看来，这样的生活又自在又省心。他们等待着他人的施舍，依靠着他人的同情，人生目标就是吃一顿饱饭。故事里的这个乞丐倘若不遇到那位严格的老妇人，也许早早结束了生命，死在疾病和困顿之中。

不论生活有怎样的困境，不论舒适区外有怎样的危险，人能够依靠的只有自己，而不是别人。自己不动手，等待别人的帮助，就是放弃了自主地位，完全沦为他人的附庸，很快就会和乞丐没有本质区别。自己不经营，舒适区只会越来越小，等到它连遮风挡雨都做不到，你勤快就晚了。

不如从一开始就抛弃掉依赖想法，生活可以舒适，但不能耽于舒适，只有不断挑战，不断突破自我，才能扩大舒适。当你发现自己能做的事越来越多，成就越来越大，你会发现过去的那个舒适区又狭窄又黯淡，再也无法吸引你。能够把握自己的生活，能够更大范围地使用自己的时间，才是最大的舒适。

矛盾焦点：正思维与逆习惯

法国姑娘南希正在房间穿衣打扮，她穿了一件正统的职业套装，头发烫得刚好，脸上化淡妆，她把自己最喜欢的香水喷在耳后，闻着那香味，感觉一身惬意。她的妈妈不解地问："亲爱的，电话马上就要打来了，莫非你还要出门！"

“不出门，我在准备面试！”南希回答。

她的妈妈一脸不解。南希今年刚刚硕士毕业，向一家跨国公司投了简历，对方对她很感兴趣，在邮件沟通后，安排在今日进行电话会谈，由位于华盛顿的公司总部打来电话。如果这次试谈顺利，南希就能得到去美国面试的机会。

“今天只是和负责人打电话，对方又看不到你，你怎么穿得这么正式？”

“妈妈，难道我要穿着睡衣，拖着拖鞋，窝在沙发里一边转电视遥控器一边进行重要的面试吗？那怎么行！那会让我整个人都不够慎重，考虑问题时一定会出现漏洞。只有穿着正式，我才有面试的感觉！”南希回答。

“对自己要求严格，不错。”

“当然！何况，给我打电话的人现在穿着西装坐在办公室，他详细地看过我的档案，我怎么能不尊重他呢？所以我必须和他一样庄重地面对这次会谈！”

“好吧好吧，我把客厅留给你，这样是不是更有面试的气氛？你一个人等电话吧！”

“谢谢妈妈！”

一个钟头后，南希敲开母亲的房门，露出灿烂的笑容。她和负责人沟通得很顺利，她认为自己大有希望。果然，南希不但顺利通过电话会谈，还顺利去了华盛顿总部，经过三轮考试，成了那家跨国公司新一届的员工。

1. 自律，是一种正思维

这种思维包括了自尊、自信、自我约束和自我激励，它能让一个人及时反思自己，发现错误，尽量避免不当举动，使生活在稳定的轨道上不断向前，并得到他人的欣赏与尊重。这种正面思维当然会给个人带来一些不便，需要常常与自己的欲望做斗争，忍下享乐的心态，让自己严肃而不是放松。但正是这种自律，让人信赖，也督促了自己的脚步。

2. 舒适，是一种逆习惯

追求舒适是人的天性，偏偏生活中有那么多不舒适却合理的事。例如，上班穿西服是多么拘谨，多么不方便活动的一件事，特别是夏天，有时会热得大汗淋漓。尽管如此，谁也不会穿着睡衣去上班。相对于正常生活中的规矩，舒适成了一种逆习惯，人们总是想把这些习惯带进生活中的一切场合，结果造成了懒散、拖延、马虎、不负责。

逆习惯与正思维刚好相反，简直是一对冤家，他们之间的缓冲区，就是我们所说的舒适区。人们尽量保持正思维，却在这区间内挖出一块安放让自己舒服的逆习惯。两者不断斗争，舒适区想要尽量扩大，正思维想要将它彻底赶走，可惜这场战争的裁决人是我们自己，我们总是想让自己更舒服，于是，正思维总是在摇摆，逆习惯稳如泰山。

逆习惯需要警惕。没有人能做到十全十美，我们少不了有这样那样的坏习惯，一旦这习惯和正思维刚好相逆，它很可能成为你的致命要害。希腊神话中有一个叫阿喀琉斯的英雄，他曾经在神水中洗澡，变得刀枪不入，但神水没能浸到他的一只脚跟，结果，这脚跟被敌人一箭射中，他一命呜呼。

我们的逆习惯就是这样的要害，总是想着让自己舒服一点，总是为自己争取懒惰的空间，总是为漫不经心找借口，总把责任当作大家的事而不是自己的事，这些习惯使我们丧失了目标，丧失了责任感，丧失了效率，还会进一步丧失他人的好感和信任。不用敌人来攻击，就已经是一个失败者。这种结局，难道我们不该避免吗？

变革自我舒适区步骤1：给自己一点危机感

小赵的父母一直劝她考个公务员，找个稳定的工作，她却自顾自地寻找实习单位，准备当个销售员。父母和她一次次谈话，每次都不欢而散。父母说她不听话，不安分，没社会经验就知道瞎忙；小赵觉得父母的观念太陈旧，他们简直还活在几十年前。

小赵和那些刚刚准备进社会的“90后”一样，个性十足，头脑清楚，有很强的实干精神。父母认为人生以稳定为上，她不是不懂。人生当然需要稳定，劳保医保不能少，养老费也要存够，还要有存款应付意外，这些东西，一个稳定的工作能够给她，但能持续多久？一辈子？她相信只有人的能力是一辈子的事，其余都不可靠。

就拿她父母来说，一个公务员一个教师，算是最稳定的工作。他们家的生活也还算不错，但存款已经缩水。她劝父母买些基金，父母连连摆手，告诉她基金都是骗人的，还把网上的新闻拿给她看。他们总认为自己的生活很安全，结果，年前家里换了套房子，存款被掏走一大半。物价也让两个拿死工资的人经常唠叨。饶是这样，他们还是认为小赵应该像他们一样，稳定就行。

代沟让小赵感到很无奈，她认为就是这种一定要稳定的思想，耽误了父母的发展。当年，父亲的同事邀请他辞职创业，父亲害怕风险没去，如今那同事已经是个老板，开了三个厂子；母亲也曾被一所私立学校邀请，她也因为害怕风险放弃，如今那个私立学校开了分校，名声越来越响，小赵保守估计，母亲当年去了，现在至少能在那边当个副校长。白白放弃这么好的机会，她都不知道父母当初究竟在想什么。

小赵是个孝顺的女儿，她没和父母吵多久。工作确定后，她找父母恳谈一番，说到现在的经济形势，说到家里的条件，还说起她未来的打算。她说父母太没有危机感，她不能这么做。倘若她只拿一份死工资，今后父母有什么事，她也许连帮忙的能力都没有。女儿大了，说的话也不是没道理，父母最终默默点头，两代人达成了和解。

一个人之所以敢于舒适，耽于舒适，最大的原因是缺乏危机感。环境没有给人施加压力，就不思进取，不想改变，不知不觉成了一个依靠环境的被动者。一旦环境发生动荡，舒适区首先坍塌，安于现状的人是第一批受害者，倒霉的是，他们早就丧失了适应能力，注定要比那些一直在适应的人活得更辛苦。

每个人都有极强的适应能力，从生理到心理。倘若穿越到原始社会，谁也不会甘心坐以待毙，没几天就学会了生火、打猎、缝衣服、盖房子。想要保持这种能力，就要时不时给自己一点危机感，督促自己远离享乐思维，争取进步。那么，如何提高危机感?

1. 想想自己曾经失去什么

每个人都曾有过“失去”的体验，那真是一种痛苦的体验，原本属于自己的东西突然就成了别人的，好好的机会就在眼前突然擦肩而过，因为粗心没有拿到更好的成绩，因为迟到没有赶上一次重要面试，因为年少无知没能好好珍惜最爱的人……回想这种感觉，你是不是很痛心？令你更痛心的现实是，如果你继续舒适，你可能会失去更多的东西，包括现在的生活。

2. 看看优秀的人

有些人的舒适来自对自身成就的满足，他们认为自己尽到了努力，达到了目标，对人生已经满意，只想安于现状；有些安于现状的人甚至没有努力过，完全接受了自己的身份。这个时候，应该看看身边那些优秀的人，他们取得了怎样的成就，过着怎样的生活，他们住多少平的房子，开什么牌子的车，业余时间有哪些娱乐？

这并不是在鼓励攀比，本书也不会教导你变得虚荣。适当的比较是必要的，甚至是必须的。比较，让你对同龄人的生活和自己的未来有一个具体的概念，让你知道自己差了什么，才会发现舒适的生活其实有很多不足，才会促使你继续奋斗。注意，比较的时候，一定要找比你优秀的人，千万不要说什么“比上不足，比下有余”，那是庸人的逻辑。

3. 多多了解社会

你是那个经常关注国计民生，会和朋友们谈谈时事的人？还是两耳不闻窗外事，一心只过自己的小日子？建议你多多关心一下我们的社会，你才会知道自己的安乐窝并不安乐。社会处在转型期，会有各种情况发生，几年前吃香的职业，如今已经无人问津，如果你什么都不知道，你早晚成为社会的弃儿。

关心社会可以让你了解更多知识，得到更多机会。例如，关心政策的人，利用新政策来改善自己的买卖；关心物价的人，总能节省生活成本。了解的过程也是思考的过程，你的思想深度也会不断加深，这又会给你的事业以正面的影响。一句话，千万不要窝在屋子里。

4. 预测个人未来

很多人不知道自己的未来会怎样，不如来预测一下。打破你安乐的想法，来一些负面想象，倘若你遭遇了失业，你能够马上找到下一个工作吗？你的能力够吗？你的想法有很多人欣赏吗？你有强大的人脉关系吗？你的存款足够你找到满意的工作吗？如果这些答案不太理想，你还有什么理由享受安乐？

这并不是教导你消沉，最大的危机是没有危机感，失去忧患意识，一个国家尚且祸乱四起，何况一个平凡的人？常常想想自己的未来，你就会自觉加快步调，多做一些、多学一些。当然，也没必要自己吓唬自己，要知道，努力的人在哪里都有出路，即使发生什么危机，努力的你也会是最快适应、最快崛起的那一个。

变革自我舒适区步骤 2：自我革命，革除陋习

想要发起一场自我革命，远离舒适，直面人生，打造坚韧性格，磨炼顽强意志，进而拥抱更加美好的生活，不但要时时有危机感，最重要的是改变身上的一切陋习。这些陋习可能是性格上的，可能是生活上的，可能是修养上的，总之，大到生活没目标或者有目标没自信，小到早上不吃饭或是吃饭不洗手，对陋习应有明确的认识，然后一举击破！

让我们看看凯瑟琳小姐如何发起她的自我革命。

凯瑟琳小姐 23 岁，是一家房地产公司的文员，每天做着琐碎的工作。她有一头好看的棕色长发，却因为缺乏打理而显得干枯没色泽。她这个人也和头发一样，始终不太有精神。每一天，她带着不自信的神情，默默做着自己的工作，一下班就钻回家，在网上看本季度的热门剧集，打发自己的时间。

凯瑟琳小姐的上司博恩女士最近准备跳槽，去一家高级化妆品公司当经理。凯瑟琳十分羡慕，她一直很喜欢那些五颜六色的化妆品，但她自己只会化淡妆，穿保守套装，毫不起眼。她也希望和博恩女士一样，有机会跳到那家大公司，她知道这只是梦想。

博恩女士在新公司如鱼得水，凯瑟琳一直关注她的动向。为了更好地推广公司的产品，博恩女士不定期举办美妆讲座，靠她的名气吸引学员。讲座不但教授基础护肤和彩妆要领，还教授年轻姑娘

如何成为一个优秀的美妆推销员。一天，凯瑟琳在博恩女士的网站上看到了本周六开课的消息，她决定去听一听。

那一天，她破天荒地去美容院做了头发，并且试了时尚妆容。为了更好地听清博恩女士的声音，她破天荒地坐到了第一排，以往这种场合，她总是选择靠后的位置。她注意到，在授课过程中，博恩女士看了她好几次，她不好意思地低下了头。

更没想到，下课后博恩女士主动跟她说话："凯瑟琳，你真让我惊讶，你会打扮了，而且，你竟然主动坐到了第一排！这很好，你一定要保持下去，不论什么时候都要坐第一排！现在的你非常棒！"

凯瑟琳回到家还红着脸，她不知道是否成功人士都这么会鼓励人，但她的确被博恩女士鼓励了。她开始打理自己的头发，积极地面对工作，开会的时候坐在第一排，就算因上级的提问而脸红，也坚持坐下去。每当她一头润泽的长发在第一排位置上闪耀，不论上司还是同事都会多看她几眼，她感觉自己越来越自信了。

一年后，凯瑟琳主动联系博恩女士，希望能再一次成为她的部下。博恩女士说："我就知道会有这么一天！来吧，凯瑟琳，我已经在这个公司准备了你的位置，你现在就可以辞职来我这里！"

陋习是长年累月产生的，因为难以革除，才需要强大的决心和坚持的毅力。打破自我局限真不是一件容易的事，让一个羞涩的女孩子坐在众目睽睽的第一排，多么不容易！然而她做到的那一刻，她的心灵也得到了飞跃，这种飞跃是如此简单，它直白地告诉你："瞧，这件事没什么，你完全可以做到！"

都说江山易改本性难移，人的性格是天生的，的确很难改，但生活中的陋习和性格上的缺点，却可以根除和改造。例如生活习惯，养成一个新的习惯需要 21 天，你需要的是自我监督和坚持，21 天就可以得到一个方便的好习惯，这不是太划算了吗？那些不容易发现的肢体小动作，则需要有人来督促，也需要更多时间，但依然是相对简单的。

懒惰、拖延、粗心这一类陋习，可以归为行为习惯。想要改变这些习惯，需要明确的认识和有效的计划，还有有力的鞭策。必须高度集中精神，警惕它们突然来袭，一刻不能放松。懒惰的人应该尽量活动，手头总要有事做；拖延的人必须强迫自己提前完成任务，体会提前完工的舒爽；粗心的人要一遍遍检查，体会一次通过的快乐。反复执行，多次重复，让新的习惯支配自己，经过长时间努力，你的行为焕然一新。

最难的当然是性格上的突破，当被动的人需要主动，内向的人需要交际，谨慎的人需要大胆，优柔寡断的人需要当机立断，不夸张地说，这几乎要了他们的命。但不改变就没有发展，硬着头皮也要做该做的事，做得多了，习惯养成了，他们就会说："这没什么，挺简单的。"完全忘记了当初的惊慌失措。

很多事多次尝试之后就会变成"没什么"。牢记这一点，你可以改变任何陋习，甚至改变自己的某些性格，让自己的生活实现良性发展。不要为自己的落后找借口，你唯一该做的事就是改变。倘若你始终缩在自己的壳子里，获得相对的舒适安全，你就永远不会知道外面的世界究竟有多么精彩，自我革命后的生活究竟有多少机遇，那个平凡的你将会获得多少赞美的目光。难道这些美好前景，不值得你走出来试一试吗？

变革自我舒适区步骤3：主动主动再主动

长期窝在自我舒适区中打盹的人，不会太主动。

主动意味着承担。例如想主动和人谈话，就要找话题、研究对方的性格和兴趣、考虑对方的心情、承担不冷场的责任，甚至要面对可能的拒绝。相反，被动的人只需要别人找话题，高兴了应和两句，不高兴客气两句，舒舒服服地当一个人际关系的享受者，何乐不为？为什么一定要主动去说话呢？

推而广之，很多情况下，主动就意味着你要做更多事。工作时主动是给自己揽活，集体活动时主动就要负责组织，在生活中也是如此。那些沉溺于自我舒服的人，怎么会做这么“笨”的事。所以，他们只当接收者、附和者、追随者。不过，不论有什么结果，他们必须同样承担，那结果未必是好的。

为什么还要提倡主动？因为主动代表着你可以控制局面，你可以把握方向，你可以决定一件事的过程，你可以及时退出。而被动的人一直在被他人推着走，的确，他们享受了一些照顾，一些便利，但随之而来的就是主动权的丧失，他们按照他人的想法经营一段关系，完成一个项目，就算想要提一点自己的意见，主动权却在别人手里，他们随时可能被抛弃！

主动最大的作用，就是可以给你带来更多更好的机会。主动出击的人总能有所斩获，被动的人只能等别人来找他，可是世界上又有几个诸葛亮，值得别人三顾茅庐？普通人抱着“是金子一定会发光”的思想，等啊等啊等，等到老也是个普通人。

阻碍主动的是什么？是长期以来形成的性格习惯，以致你已经察觉不到有什么地方需要主动。工作有人安排，有固定的朋友圈，有正常的生活，按部就班就很舒服，要主动做什么？何况这种生活并不轻松，又忙又累，难道要主动给自己找更多的麻烦？

当然要找！工作有人安排，加薪需要你主动；旧朋友已经固定，新朋友需要你主动；生活平淡如水，想丰富起来需要你主动。一句话，为了你的生命更有质量，你不主动，谁还会逼着你主动？如果你还觉得自己太累，太忙，只想懒着拖着舒服着，建议你仔细看看加拿大老太太麦卡利恩的故事。

麦卡利恩神态坚毅，精力充沛，思维敏捷，是个行动派。她年轻时是个冰球运动员，曾参加过不少国内比赛和国际比赛。后来，她选择从政。她于 1978 年担任加拿大密西沙加市市长。这一干，就是三十多年。

你一定认为她已经退休了吧？没有。到她的事迹被记者们大肆报道时，她还没有退休的迹象，她依然保持着大刀阔斧的工作风格，承担繁重的工作，并且得到市民们的支持。市民们都喜欢这位市长，因为她不懈地努力，密西沙加成了加拿大“最安全的城市”和“最适宜居住的城市”，他们每一次都愿意把选票投给老市长，尽管，她已经到了 89 岁高龄。

89 岁又怎么样？除了外貌，麦卡利恩根本没有衰老的迹象。每天，她自己开车去市政府，亲自写各种演讲稿，不断去社区参与活动，与市民进行面对面的交流。工作结束，她自己到菜市场买菜，回家亲自做饭。她不需要司机，不需要秘书，不需要佣人，一切都自己来，她有这个能力。

有人问她什么时候退休，她说，她觉得自己还很年轻，能一直干下去。“等到有一天密西沙加的老百姓不选我了，我再退休不迟。”可是，哪个市民愿意不选她呢？尽管她已经老了，人们依然看到她精力充沛地奔波在社区，了解市民反映的情况，并做出有效的决策。人们切身地感受到密西沙加在她的管理下，一直稳定、和谐。

更何况，人们衷心佩服这位老太太，高龄的她健康、高效，成了许多市民的榜样，让人们看到了生命的坚韧和奋斗的美好，让人们相信一切都不晚。当老市长出现在庆祝活动现场，向人们挥手时，人群里爆发了热烈的掌声，人们祝福老市长，那声音是一曲生命的礼赞。

看看，89岁的老太太尚且如此努力，如此主动，如此热爱生活，你还有借口偷懒吗？赶快行动起来，现在就去缔造你的美好生活吧！

变革自我舒适区步骤 4：共生思维，拆掉单行道

奥莉芙是林晓的网名，她现在已经是网络上知名的彩妆达人。起初，她在豆瓣上参加化妆小组，与人分享自己的妆容，交流护肤经验。她的图片虽然不是十分精美，却因为真实得到了很多人的喜爱，粉丝们还喜欢奥莉芙真诚的态度。在豆瓣火了后，她转战微博，收获了更多粉丝，并开了一家淘宝店。

奥莉芙的工作其实和彩妆毫无关系，她只是一个内向而爱美的女孩子。她在网上发布图片只是为了交流，没想到却有这么大的收获。她不善言辞，也不懂经营，工作也并不稳定，网上的点击量让她看到了未来的希望，她也希望和很多网红一样，在网店经营中站稳脚跟，有自己的事业。

对奥莉芙来说，这太难了。她特别不擅长和人打交道，之前做的也是不用和太多人打交道的文字工作。现在，要让她去搞批发，搞宣传，雇模特，请摄影师，落实网店的每一个环节，她压力倍增，开始大把大把掉头发。但她知道不迈出这一步，她不可能做好这个网店。

她首先做的是提高自己的图片质量，她请一位早年网友做模特，又恳求一个技术过硬、脾气超级坏的摄影师帮她拍照片。磨合过程令她痛苦，但成片效果让所有人惊艳。她又学着和经销商们谈判，拿代理权，中间还被人骗过几次，吃了很多亏。好在她一一挺了过去，当网店从亏损开始盈利，她认为一切都值得。

她也因此交了很多朋友。以前，她认为朋友应该摒除利益关系，现在，她发现合作者也可以成为朋友，有了共同目标，他们能够更好地取长补短。渐渐地，她建立了合作思维，邀请多个美妆达人和她一起建立大型美妆海淘网站，扩大了自己的知名度和客户群，带来了新的商机。她走在成功的道路上，每一步都那么坚实，让人看到了她的成长和蜕变。

未来想要做什么？奥莉芙想要建立自己的品牌，她已经联系了一位日本朋友，找了一家小型日本工厂，准备用最新鲜的日本原料，打造真正高质量的护肤品。她还到处寻找销售人才和广告人才，她知道在这个时代，仅仅有口碑是不够的，广告打出去，产品才有销量。奥莉芙对自己的未来充满信心。

很多人认为，走单行道最舒服。理由一大堆：安全，风险小，方向明确，自由，不用考虑别人，不用担心意外。缺点只有一个，这条路太窄了，而且越走越窄。但依然有人孜孜不倦地走着单行道，这条道路，也是他们的自我舒适区，他们愿意选择一条小道，自己走走，舒服就行。

这条道没法开车，于是他们只能慢吞吞地走，最多骑一辆自行车；这条道没法体会速度带来的快感，他们说自己喜欢闲适；这条道景色太少，他们说人要知足；这条道没有形形色色的车马行人，他们说要的就是清净；这条道人太少出了事没人管，他们说选择都有风险……人们会为维持现状找各种各样借口，令人啼笑皆非。

倘若故事里的奥莉芙只满足于她的小微博，她肯定不能成为一个成功的老板，她认识到单行道太慢太窄太旧，果断地选择大道，选择高速，这才实现了人生的目标。而那些只在幻想中飞跃的人，没有这种胆色，他们害怕单行道外的风险。

在古代社会，普通人当然可以做个农民，自己种地自己养蚕自己织布，过对外封闭完全自给自足的生活；在现代社会，你当然也可以选择封闭，只要你对生活的质量要求不高。不过，谁会满足于只是吃饱的生活？所以必须适应现代社会的种种关系，培养共生思维。

共生是现代社会人与人关系的主题，双赢是人们的追求，互相借用关系把事情做得更好是每个人的共识，认识更多的人就可能有更多的机会，一切都要求人们从单行道走出来，走上人来人往的十字路，感受一下他人的忙碌和风采。你必须学着和更多的人相处，并从这相处中得到知识，得到经验，得到机会。

与他人相处，你才能与他人对比，发现自己生活中的不足。那个你以为安全舒适的小窝，原来并不稳定，原来还需要加固，你会主动改变自己，为自己争取更好的条件。

与他人相处，你才能真正了解世界。世界是多样的，每个人对它有不同的看法，了解了别人的立场，你会更懂得尊重；了解别人的见解，你会多一个看问题的角度；了解别人的生活，你会更加上进并感恩。世界这么大，你需要了解的东西太多了。

与他人相处，你才能得到更多机会。不论是事业上的，生活上的，感情上的，哪怕别人给你介绍一个新的爱好，都可能让你的生活更有活力。

与他人相处，会让你真正成熟。相处需要技巧，需要智慧，你将在不同人的性格中寻找妥善的相处方法，你会伤心，也会失败，甚至会厌倦，但这一切都是成熟的代价……

最终的目的当然是个人的成就，当你学到了更多，懂得了更多，并得到了更多朋友，你的事业也在慢慢起步，你会发现自己不但有目标，还有自信，更有帮手。你会承认没有人能靠单打独斗建立自己的事业，你会后悔曾经独自一人在单行道上浪费时间。如果不想继续浪费，现在就拆掉你的单行道，走出去和别人聊聊吧。

第八章 生命只有一次，别将就着过不喜欢的生活

多少人唉声叹气地过着将就的生活？将就着就业，将就着赚钱，将就着结婚，将就着变老，把将就当作智慧，享受着臆想中的平安快乐？

为什么不去过自己喜欢的生活？因为你不相信自己的能力，不敢争取，不愿奋斗。但是，给我们带来快乐的是喜欢，不是将就。生命只有一次，我们不能将就。

好的人生，是讲究，不是将就

每个人都想拥有好的人生，硬标准是工作、财富和积极心态，软标准很多：三五好友、日常情趣、生活品位、见闻阅历、个人爱好等等。可在现实生活中，很少有人满意自己的生活，即使那些看上去很成功的人，也总会在“你是否幸福”这个问题面前若有所失。人们总觉得生活有很多遗憾，失去了很多的东西，并不符合自己的想象，甚至认为自己的生活大部分都在“将就”。

因为不知道自己最喜欢什么，将就着选择还算舒服的；不知道目标在哪里，凑合着找一个工作先做着；不知道爱情的感觉，至少要有个过日子的伴侣。或者，知道自己最喜欢什么但觉得没能力得到，于是将就；知道自己想达到的目标却认为风险太大，于是凑合；知道爱情是什么但爱情的要求太多，干脆不再渴求。当人们放弃了追求，开始对现实妥协，他们的人生只能将就，最好的、最喜欢的和最适合的，被他们自己放弃了。

王经理家里最近装修，公司里的人都在谈论这件事。

王经理年过五十，是公司的骨干，大家的领导，为人不但有能力，还特别照顾下属，大家都喜欢他。就连刚进公司不到两个月的新人，没见过王经理两次，却也知道他的大名。大家发现，王经理家的装修真是大费周章，他自己确定家装风格，还跑到设计部来找小年轻们商量颜色的搭配，让这些小员工受宠若惊。

这一天，大家在食堂里看到王经理兴致勃勃地浏览淘宝。王经理说，他也是最近才学会的，为的是找到合适的地板和瓷砖。他在建材市场跑了好几回，都没看到最合适的，网络的选择更多，他要试试看。

“王经理，您这也太麻烦了！”有人说。

“装修怎么能怕麻烦呢！”王经理说，“做什么都不能怕麻烦，怕麻烦就做不好了。”

“王经理，您真讲究！”有人恭维。

“讲究一点才舒服嘛。”王经理回答。

王经理家的装修进行了大半年，公司的人看到他每天也不耽误工作，一到闲暇时间去研究地板瓷砖，然后研究房屋格局，研究家具摆设，研究电器种类。他们越来越明白王经理为什么有那么好的精神状态，又有那么高的业务素质，这个处处认真、处处不将就的人，怎么会不好？

终于有一天，王经理家的装修结束了，他在家里拍了几张照片，发到朋友圈给大家看。大家颇为意外地发现，房子的整体效果并没有他们想象的金碧辉煌，但仔细看，就会发现处处透着舒服和用心，连壁纸的花纹也显得与众不同。他们不约而同地对比自己家那俗气的摆设，突然觉得重新装修的时候到了，自己也该“讲究一下”；那些还没买房子的小年轻更是羡慕不已，纷纷说要努力工作，将来一定要住个“王经理那样的房子”。

讲究一些的人生，会给人带来心理上的成就感、满足感甚至优越感。那么为什么选择讲究的人那么少？在讲究和将就之间，究竟存在怎样的鸿沟？到底人们不愿讲究，还是不能讲究？这两者之间还真有很大一段距离，我们来详细说说。

讲究和将就代表了能力上的不同。这是客观存在的残酷事实，有些人有能力讲究，有些人没有，只能暂时将就。可是，有些人的将就是暂时的，他们会靠自己的努力一步步达到讲究；有些人一辈子都将就，并认为自己只能过现在的生活。所以，想要讲究，必须提高自己的能力，否则只能将就。

讲究和将就是努力的差别。很多人有能力讲究，但他们不想讲究，为什么呢？“太麻烦了！将就一下吧！”对，怕麻烦，这就是他们将就的原因。换言之，他们太懒了。懒惰思维就是这样形成的，不肯多走一步，不肯多费一秒，不愿多思考，不愿多尝试，当懒惰进入他们的骨髓，他们凡事都要将就，讲究的能力也渐渐退化。

讲究和将就是价值观的不同。有些人始终在追求更高的目标，所以越来越讲究，讲究几乎快成大人物们的专利。而普通人总想将就，他们满足现状，认为自己的能力和自己的生活相匹配，宁愿不那么讲究，不那么累。安于现状的思维方式一旦形成，人们很快就会发现什么事都可以将就，只要接受，人们总能在自我安慰中找到一点舒适。

当一个人安于现状、没有改变愿望又总是怕麻烦时，他会不会有好的人生？答案显然是否定的，他会经常羡慕别人，经常对自己生活中的寻常小事产生不满，经常觉得自己的人生缺乏光彩。你想成为一个这样的人吗？不想的话，就赶快讲究起来。讲究更有发展的工作、更有效率的工作方法、更高的生活品质、更好的自我形象、更和谐的人际关系、更舒适的心境……你会发现，你的生活急需改造，只有在讲究中，你才能以最快的速度进步！

自卑的人不敢憧憬优秀，只敢将就

最容易将就的人，是自卑的人。

在生活中，他们不敢争取，不敢与人争执，他们总是安慰自己："不要计较那么多。"越是不计较，他们的姿态就越低，处境就越差，得到的尊重也越少。他们感叹旁人利用了他们，看低了他们，甚至践踏了他们，却不知道他们把自己放得太低，甚至没有预设一条底线，告知旁人不容侵犯。

自卑与懦弱相伴，在生活中，自卑的人或者不爱说话，或者只爱附和他人说话，他们很少有自己的见解，就连大家出去玩，他们也不敢提出自己的主张，只会顺着别人的意思。有人认为他们好说话，有人认为他们好欺负，他们自己并不喜欢这种状态，却也只能自我安慰，认为这样做维持了人际关系的和平，避免了分歧。

自卑扼杀自信。特别是在工作中，自卑的人总是觉得自己什么也做不好，于是只想将就，只要应付了领导，任务质量达到及格，他们就会满足。这种将就式工作和偷懒有本质区别，其实他们很想更好地完成工作，甚至愿意付出努力，但在心理上，他们根本不相信自己做得好，于是一丁点挫折就能让他们退缩或放弃，所以，他们始终难以得到较好的成绩。

木木一直有很重的心事，他不知该和谁商量，父母？朋友？或者心理医生？想到自己必须开口剖白自己，他就抗拒类似的交流。

最近，他越来越紧张，他认为必须找个人说说。

木木是准备考研的大四学生，他考本校的研究生，老师比较看好他，而且，最近有一个很可爱的大三女孩对他告白。也就是说，他面对的并不是什么危险的关键时刻，相反，他是个学业顺利、未来光明、爱情丰收的幸运儿。

他的紧张来源于他的自卑。木木小时候有点结巴，每次小朋友们故意学他说话时，他都感到无地自容。上了小学后，状况大为好转，除了特别紧张的时候，他都能够正常与人交流。但自卑的感觉留了下来，他始终容易紧张，认为自己不如别人，又特别在乎别人对他的看法，也控制不好自己的情绪，让人觉得有点神经兮兮。

现在，他刚刚开始着手复习，却每天都睡不好，他害怕自己考不好，就会失去女朋友的喜爱，辜负导师的信任，他三年多的努力也会白费。越是这样想，他的进度就越慢，他甚至相信自己根本考不上研究生，跟女朋友也不会有结果，也许他的一生只能当个最普通的员工，甚至以后找不到工作……

看，这就是自卑者的日常状态，他们不但不相信自己，还不相信一切和自己有关的良好机会和美好事物。不相信，就不会努力争取，更不会尽力把握，因此他们错过各种机会，然后对自己的评价更低，更加没法培养自信。生活对他们来说是危险的、可怖的、无法把握的，他们不敢提出抗议，不敢亲自改变，不敢打破现状，换言之，他们只敢将就。

不过，将就不是任何人的救命稻草，将就是个泥潭，会让人越陷越深。如果一个人常年不敢憧憬优秀，只想维持现状，他们也只能深陷在泥潭中，过着毫无指望的生活。这种生活不是别人造成的，一切都因为他们有一颗懦弱的心。

自卑的人不敢正视自己的懦弱，一旦正视，他们就不得不面对一连串的后悔和过去的种种错误。但是，正是这种鸵鸟心态让他们迟迟不能改变。来者可追，正视才能改进，才能划清界限，才能打造一个新的自我。何况，哪个人没有失败过，哪个人没有后悔过？别人可以，你为什么不行？

如何才能告别懦弱？要明白一切都要靠自己争取。你在意别人的眼光，就去争取自己的形象，更加努力一点，做出成绩，别人就会把你当成成功者；你在乎事情的成败，就去争取成功，不断奋斗、改进，不要放弃，顽强的意志会帮你打破困境；你渴望他人的重视，就去争取他人的理解，坦诚地说出你的心里话，才能交到真正的朋友。告别懦弱，需要的是行动，需要的是不再忍让，不再后退，不再将就。

胆小的人害怕打破现状，愿意将就

有一种人并不自卑，他们对自己的能力有充分的认识，有一定的素质，一定的阅历，一定的观察力，还有自己的目标。偏偏他们缺乏冲劲，也让自己过着将就的生活，让人十分惋惜。他们，就是胆小的人。当然，人们往往会夸他们“安分”。

人人都说小单是个安分的女孩子。安分到什么程度？学生时代，学校规定女生不能散着头发，她始终短发或扎马尾，即使在家里，也不会试试其他发式。父母老师说的规矩，她认真地遵守，即使有心“叛逆一回”，又怕被责备。她一直这么安分，就连高考志愿专业都在亲戚的建议下，选了适合女孩子的中文。

大学毕业后，她成为一个平凡的文员，工资不高但很稳定。和小单一起进公司的小谭总琢磨赚钱，她建议小单和她一起批发一些面膜、饰品和小工艺品，在外面摆摊子赚点零花——她摆摊一个月，赚的钱有工资的一半。

小单心动了，但想到在街上摆摊，又拉不下面子。而且，她怕自己没有小谭那么热情，更不会推销技术，她怀疑自己根本赚不到钱。她思前想后，还是不敢做。后来，小谭辞职弄起了淘宝店，赚了不少钱，小单却还是拿着她的死工资。

小单的父母对她从小就要求严格，处处管教她。小单工作后依然和父母住在一起，天天被管着的滋味不好受，看着同龄人都在享受下班后的生活，她却要按时回家，做什么都跟父母汇报。朋友建议她搬出去自己住，培养一下独立能力，她想到自己未必做得好家务，更害怕失去父母的照顾，一拖再拖，现在仍然住在父母家，每天闷着头听父母教育。

小单无法改变自己的生活，谁劝她都没用。

谁都知道将就带来一定程度的稳定，也会让自己郁闷，但有多少人能不去做安分的小单，成为一个不安分的冒险者？我们不妨分析一下究竟有哪些原因让人们变得胆小。当我们把顾虑一层层揭开，看到问题的内核，问题也就迎刃而解。

担心风险。这是胆小者最大的顾虑。失败的感觉太糟糕，挫折让人想要回避，能躲开这些比可能的成功更重要。毕竟现状虽然不如意，但也没那么不能忍受。还有人认为每个人的人生都有很多不如意，然后把维持现状当作一件理所当然的事——胆小成了习惯，就不再认为自己胆小，这不是悲哀的事吗？

担心丧失。初生牛犊不怕虎，因为不担心失去什么，所以做事无所顾虑。但作为一个半成熟的社会人，我们担心失去的东西太多了，担心失去安稳的生活，担心失去相对平静的心态，担心失去现有的环境，担心失去此时的优势……胆小的人就是如此，说到改变，首先想到的就是“我会失去什么”。是时候改改思考方式了，这时候你应该想想“我将得到什么”！

担心别人的眼光。胆小的人特别在乎别人的眼光，害怕改变旧日形象，更不敢做出让别人吃惊的事。如果硬要他们改变一下，他们会十分不安。在别人温柔的接纳和鼓励下，他们愿意迈出一步，可是，谁有空整日接纳你鼓励你？其实，别人甚至没空好好思考你究竟在做什么，他们的评价，通常是看上一眼做出的。你何必在乎别人这无关痛痒的一眼，和完全没有客观分析的一句话？

当你发现现状已经完全不能让你满意，你每天都在忍耐的时候，改变的时机到了。要么继续做个胆小鬼，躲在自我保护的壳子里，到老也是同一个样子；要么大胆一次，拼搏一回，重新定位自己，主动寻找自信和成功。当你不再将就，你会发现机会并不少，事情也没你想得那么困难，关键是你要迈出第一步。

脆弱的人扛不住压力，只能将就

杨先生曾试图把“将就”上升到生活哲学层面。他说：“人生的欲望不能全部满足，学会将就才能知足常乐。”对那些不肯将就、屡屡碰壁的人，他同情地评价：“有时候妥协也是一种艺术，世界上没有超人，学会与环境和平共处，才能双赢。”对那些标准过高的人，他说：“有些人把将就当作退让，当作软弱，这是因为他们不只看到自己的目的，而忘记了他人的状况，他们的标准更像吹毛求疵。”

这些似是而非的理论还真影响了他的一些朋友和学生，有人还把他的话当成签名放在QQ上。人们苦闷了，委屈了，自卑了，失败了，就从这些话里找点心理上的平衡。只有白先生根本不吃这一套，甚至公开说：“欲望不满足是因为目标没定对，妥协是因为能力不合格，高标准是为了让生活和自己一起进步，将就只是弱者的自我安慰！”

杨先生和白先生吵了起来，好不热闹，朋友们忙着做和事佬。私下里，他们问别人也问自己：“更同意老杨？还是老白？”有人羡慕杨先生处事谨慎，生活顺利，心态好；有人更倾向于白先生的精英生活，以及越来越大的事业。可是，有几个人有白先生的能力？于是人们又一次赞同了杨先生，继续把他的话当作签名。白先生不客气地说：“难怪你们只能将就！”

究竟什么决定了一个人是否将就着生活？答案很明显，心理。说得详细一点，人对压力的承受能力，决定了他是否有更高目标，是否愿意改变现状，是否愿意承担更大责任，是否能够面对更大风险和更多困难。有决心才敢付出，有付出才有收获，真正的成功者都是有决心的人，关键就是“心”。

生活中，压力无处不在。掏出钱包就能感受到物价的压力，拿起电话就能感觉到人际的压力，打开电脑就有工作的压力，星期天的傍晚感觉到下一周的压力，听到报时感觉到时间流逝的压力。生活太快了，没有人能不紧不慢，当别人快步行走，你怎么能散步，或者停下来呢？只能唉声叹气地拖着脚继续走。

走在前面的究竟是些什么样的人？他们当然不是长跑选手，但他们很愿意参加人生这场马拉松，并有获胜的意愿。他们或者想要试验一下自己的能力，为自己定下目标；或者要求自己必须跑完全程，磨炼毅力；或者直奔第一名这个桂冠。所以，他们主动地跑、飞快地跑、有计划地跑，他们一步不停，只为早日到达终点。于是，人们看到他们身上具备了以下特点：计划性、参与性、高效性、持续性。

其余的人呢？他们被迫参加一场长跑，比赛还没开始就觉得累，想到需要用那么长的时间甚至希望退赛，跑几步就想休息，恨不得道路封锁所有人不再比赛。他们拖啊延啊，把休息当作目标，所以总是跑不快。一旦身体的疲倦袭来，就抱怨起来。可是，参赛的压力还在，只能继续慢吞吞地跑。于是，人们看到他们身上有以下特点：磨洋工、不开心、不认真、得过且过。

跑得慢的人时时感受到压力，看到跑在前面的人，压力就更大。他们从未想过，倘若全神贯注地跑步，压力就会不知不觉被遗忘，心理的负担也会减轻，随之而来的是拼搏的激情。不论最后结果如何，都会感觉到超越自己的自豪。倘若不能体味这种自豪，一个人无法想象动力究竟是什么。与其学着和压力“友好相处”，不如学着如何战胜它，与动力交个朋友！这样的生活，肯定不会将就。

将就的生活，一潭死水

人们常常把平庸的生活比喻为流水线，我们就是流水线上的一个零件，周而复始运转着，做着闭着眼都能做的事，只动手，不用脑，麻木忙碌。流水线最初还给我们带来一些动感的启示，后来，它渐渐变成一潭死水，沉在其中的我们知道明天就在那里，日复一日年复一年，没有任何惊喜。

究竟是生活改变了？还是我们改变了？很明显，生活没变，却用它庞大的身躯改变了我们的观念。我们觉得一切都很乏味，将就着，应付着，想着尽快过完这一天，却又不太期待下一天。我们为什么失去了最初的激情和动力？甚至失去了生活的乐趣？问题还是出在自己身上。

不如看看那些热爱生活的人究竟怎么生活。

2008 年 8 月，一个英国人拆开他新买的手机包装盒，他熟练地打开新手机，惊奇地发现手机开机图片上出现了一个面带笑容的中国女孩。他吓了一跳，因为所有手机的开机屏幕都是默认的，他现在看到的显然是一张照片。莫非买到了以次充好的二手货？

他仔细看这张照片，这是一个黄皮肤的中国女孩，她穿着工作服，头发被绾进工作帽里，只露出一张甜美的笑脸，两只戴着白手套的手对着镜头比出“V”字，她身前有刚刚装进包装盒的手机，身后还有工作人员对着流水线忙碌。毫无疑问，这张图片是在工厂车间拍的。英国人决定放弃找经销商换手机，他把手机里的几张照片发到了网上。

没想到，这几张照片走红了，英国人纷纷赞美这个姑娘漂亮可爱，有人甚至抱怨说，他要找厂商退货，因为手机里没有这么可爱的图片。没多久，中国人也都知道了这些照片，人们开始寻找这个女孩，并称她为“中国最美打工妹”。

事情的真相很快水落石出，原来，这位女孩是手机工厂的检测人员，她的同事无意拿刚生产的手机拍了她的照片，忘记了删除。手机就这样从中国“漂”到英国。人们喜欢这个姑娘，不仅因为她甜美的长相，更因为她是一个普普通通的女工，却以那样饱满的精神应对枯燥的工作，她让人们相信，任何一种生活都可以是美好的、充实的、面带微笑的……

也许你也听说过这个“手机女孩”，也曾看过她的笑脸。人们喜爱这个女孩，因为她给平凡的生活带来了惊喜，更重要的，是她的笑脸。试想，如果英国人打开手机，看到一张百无聊赖的呆滞脸，或者一张愁眉不展的苦瓜脸，他还会那么开心吗？他在网上的分享内容恐怕要完全变个样，标题也许是《中国人的压力一定很大》。

把笑容挂在脸上的人，一定有一颗向往生活的心；把压力挂在脸上的人，一定过着将就的生活。因为将就，所以不甘，所以不开心，脸上的表情能好到哪儿去？看什么都不太对劲，笑起来也很勉强，更不要说有一对明亮的眼睛，有活泼的语调，有灵活的手脚，一切生机都被生活压着，难道生活的意义就是迫害我们吗？

手机女孩一定不这么认为。她只是一个普通女工，她的工作是每天坐在流水线旁不间断地检查，她不累吗？她不枯燥吗？她不烦吗？我们经历过的那些情绪，她恐怕经历得更多。但她却坦然地接受了这种生活，对于她来说，这不是将就，这是重要工作，这是她衣食住行的来源，她重视、她努力，她还会在闲暇时和同事们说说笑笑，拍几张不加修饰的照片，记录她的好心情。

难道我们不能这样生活吗？像她一样正视生活、接受自我、努力工作、脸上挂着笑脸，那时候的生活还会是一潭死水，毫无涟漪吗？如果我们能够在每一天轻松而自觉地完成工作，我们会有成就感，会因完成任务而开心，会放下负担去逛街，去娱乐，然后带着愉悦的心情回到家，这样的日子很普通，也很充实，这难道不是幸福吗？

要求太低，就会将就；要求太高，就会失望。让自己的要求和生活同步，不要过于奢求，也不要放弃追求，你也一样可以寻找到生活的无限乐趣。首先，你需要露出一个真心的笑脸，这是你与生活和解的开始。当你愿意微笑的时候，你就不会再将就。

将就的爱情，味同嚼蜡

在一切和将就有关的行为中，将就爱情最痛苦。

朴女士曾有一次刻骨铭心的恋爱，可惜她和男友性格始终不合，终于分手。分手后的几年，朴女士慢慢走出了失恋阴影，她一直单身，直到年近三十，才在父母的催促下开始考虑婚姻。经朋友介绍，她与陆先生相识，两个人都认为对方很适合结婚。一年半后，他们走入婚姻殿堂。

朴女士不习惯婚姻，她感到处处都是束缚，总觉得不自在。朋友们安慰她："习惯了就好了，一开始都这样。"她自己也这样认为。她试图调整自己的心态，试着接受对方的生活习惯和爱好，试着与陆先生相互了解，做这些事的时候，她当作一种义务，根本没有多少动力，更不要说激情。

婚姻生活平淡如水，两个人渐渐厌倦，有时候各自去找朋友聚会，厨房的炊具落了一层灰，没有人愿意做一顿饭。渐渐地，两个人开始争吵，开始指责对方没有责任感，互相数落对方的不是，一点小事就能动气，谁也不愿和解。朴女士知道，他们的婚姻里缺少"爱情"这个基础和润滑剂，看上去相安无事，却很容易瓦解。

他们的婚姻还在进一步恶化，偏偏陆先生是个正在上升期的公务员，认为离婚会给事业带来伤害，他们只能拖着、挺着。他们想过生个孩子增加家庭的气氛，维系二人的关系，又不约而同地否定了这个添乱的想法。朴女士说："后悔，一个人的时候最多寂寞，现在可好，两个人折磨着对方，又根本没勇气分开。"

他们谁也不知道，这段婚姻还有没有出路，他们会面对什么样的结果。

人们总是有理由选择一份将就的爱情。

他们会说到压力，来自父母亲人的催促，来自社会的猜测，来自朋友们的劝告，到了该恋爱、结婚的年龄，单身似乎成了一种错误，一种怪异。为了对抗这种压力，很多人聪明地走进婚姻市场，选择一个"差不多"的人，只要不烦、能沟通，就相信能和对方过上一辈子。

他们会说到日久生情，说到在古老的社会，没有见过面的两个人，也能恩爱地过上一辈子。但他们忘记了古老的社会人们遵循着共同的情感守则，在急剧变化的时代，这种守则早就成了明日黄花。过去的人没有选择，现在的人有太多选择，所以他们不会努力地在一个将就的对象身上发现惊喜，而总是把目光投向外界。也就是说，从认定对方是个备选项开始，感情就已无处生根。

他们会说到孤独，一个人的生活终究是孤独的，想要找个陪伴，想要有个人共同承担压力，还要想到没有孩子的晚年。于是，很多男女仅仅抱着"建立一个正常家庭"的想法走到一起。可是，没有真正的感情，就没有真正的理解和包容，矛盾产生就会扩大，将就的爱情，害了自己，伤了别人，最后变成怨恨，让两个人痛苦。

将就的爱情味同嚼蜡，既没有甜蜜和喜悦，也没有大起大落的痛苦让人难忘，只有麻木琐碎的生活，也许还伴着不间断的争吵。这是因为不论维持感情还是经营婚姻，都需要大量的时间和精力，学会付出，学会迁就，学会让人开心，学会压下不满……每个人都会想："我有什么理由为一个不爱的人，做这么多的事？"所以，这样的爱情注定失败。

倒不如把这些心思用在工作上，得到的成就是自己的喜悦；把这些努力用到赚钱上，存款的增加就是养老的保证；把向往爱情的心思用来发现自己真正喜爱的人，相信总有属于自己的那一份缘分……记住，如果不能把精力放在真正喜欢的人身上，就把它们全都放在自己身上吧。只有这样，你才能维持活力和优秀，也许你的缘分，就在不远的地方等着你。

将就的事业，高不成低不就

现代人最大的问题，就是脑子里只有工作，没有事业。

大多数人并不把工作当作事业，工作只是他们养家糊口的工具。那么事业在哪里？他们会说这个问题不务实，有多少人有事业？事业只属于大摊子的成功者，不属于为了柴米油盐奔波的小市民。由此衍生的思维更加可怕，他们认为只有事业才需要努力，而工作只需要将就。所以，他们总是将就着工作。

秀秀也曾经是一个没有事业的姑娘。

秀秀初中毕业就没再上学，在亲戚开的一个小餐馆里干杂活，从记账到刷盘子倒垃圾，每天忙得脚不沾地。她年纪不大，却也知道为自己的出路发愁。她的一个在高中教书的伯伯建议她不要继续待在小餐馆，去大酒店应聘试试。

老实说，秀秀真有点不情愿。小餐馆虽忙，开餐馆的亲戚对她却非常照顾，工资也不吝啬，比起同龄的那些女服务员，她的工资真不算少。不过，她还是听了伯伯的话，进了一个连锁饭店打工。她的工资一下子低了一半，父母都抱怨她，亲戚也说她傻。她想来想去，还是听伯伯的话——念书不多的人对读书人都有点迷信，她也是。

她在连锁饭店下属的一个小饭店打工，开始日子真是不习惯。每天一大早起床，听领班讲课，练习微笑。所有女服务员的头发必须盘得一丝不苟，就连笑容都有要求，必须露出八颗牙，服装不能出现油渍，走路也要挺胸抬头，不能失了仪态。一天下来，秀秀累得够呛。

但这只是基本要求，她还需要练习把调味罐擦得一尘不染，把每一张椅子摆得整整齐齐，甚至连声音都有要求——绝对不许大声说话，对客人要柔声细语，哪怕客人不讲理，也要把他们哄得开开心心。秀秀不禁怀念起她在小餐馆的生活，那时候她想穿什么就穿什么，想说什么就说什么，哪里有这么多规矩？

更让秀秀不解的是，这间分店地理位置偏僻客人少，为什么还要这么严格？领班却一丝不苟，不断提醒她们务必做到认真、微笑，有段时间，一听到大门有响声，秀秀反射性地露出微笑，倘若她笑得不及时，就会被领班责骂。

偏僻的分店生意渐渐好起来，有时候人们宁愿绕路，也要来这家饭店吃饭。这里有明亮的就餐环境，周到的服务，温柔的服务员，食物美味，餐具干净。价格嘛，稍微贵上一点，但客人们依然觉得值。秀秀拿的工资虽然不高，却也渐渐喜欢上了这里的气氛。更重要的是，这个刚过 18 岁的小姑娘学会了自我管理，这太重要了。

一转眼十年过去了，当年的小姑娘已经调到了总店工作，享受着高薪和良好的福利待遇，她也成了一个成熟的经理，不但能给小姑娘们讲意味深长的职业课，还能处理客人的刁难，以及饭店的各种业务。她会把自己的经历告诉给那些初入职场的新人，告诉他们服务的意义是什么——不只是为客人提供高质量的食品和良好的心情，更重要的是，每一个微笑，每一个贴心的举动，都是对个人形象的维护，对事业的经营。倘若不能认真对待每一个细节，人永远不会进步。

工作就是事业，事业就是工作。如果每一个现代人都有这种意识，他们的生活至少能再提高一个层次。可惜，太多的人简单地把工作和工资划个等号，他们也幻想能有自己的事业，那些蓝图非常迷人，只有极少数人实现过。换言之，他们不甘平庸，又没有做大事的能力，如此好高骛远，只能高不成低不就。

故事里的小姑娘早早地明白了自己的水平，她最初的梦想不过是当个服务员，有一份稳定的工资。她是幸运的，在那家连锁饭店参观的员工教育中，得到了事业的启迪，得到了规范的训练。一个有了目标又知道方法的人，完全可以通过自己的辛勤劳动，一步步经营起自己的事业。反之，她就只能是一个小服务员。

我们的目标在哪里？我们是否有方法？其实每一个拥有正规工作的人，都可以像这位姑娘一样，以工作为事业，以做好工作为目标，公司有现成的管理，前辈们搭好了向上的梯子，你需要做的只是努力。倘若你想得到更多，就比别人更努力。

千万不要将就事业，应付工作。总有人抱怨自己的工作没有技术含量，太琐碎，没有前途，世界上真的有完全没有前途的工作吗？一个小职员可以成为CEO，一个销售员可以成为大老板，一个基层公务员可以成为市长省长，一个幼儿教师可以成为特级教师，一个实验员可以获得诺贝尔奖……如果一个职业完全没前途，不需要你来哀叹，它早就自行消失。还存在的职业，一定有前途，你觉得没有，是因为你不够优秀，不肯努力，将就应付。

你应付的不是一份简单的工作，是你的事业，是你生活的重心。你每天最重要的、最长的、最宝贵的时间都耗在它身上，可是你却只想消磨完八小时，一会儿想摸个鱼，一会儿又偷个懒，你的工作效率不会高，别人对你的评价不太好，你当然不会有前途。同样的工作，同样的时间，有些人先提高效率，用剩下的时间不断充电，不会就学，不懂就问，渐渐地，这些人成了你的领导，成了大公司挖角的对象，你还在抱怨自己没前途。

可以说，当你以将就的态度对待你的事业时，你的生活已经在滑坡，你的收入无法大幅度提高，你的素质无法有根本性提升，你的前途无法远大，你的格局无法开阔，你未必是旁人眼中的失败者，但你总是伴随着高不成低不就的挫败感，这一切都是你自作自受。想要避免这种情况，现在就认真对待自己的事业吧。

不将就生活第一步：尝试改变，确定合适的职业

约翰从小就喜欢踢足球，他参加过学校的球队，曾在中学比赛上大出风头，他每天都会练习足球，父母认为他会成为一个足球运动员，他有自己的粉丝团和后援网站，就连他自己都幻想过有朝一日进入足球俱乐部，成为一名球星。

除了足球，约翰还喜欢学习数学，他的数学成绩一直名列前茅，他认为数学也是他的一大爱好，进入一所不错的大学学习数学、经济或者计算机，都是不错的出路。他也想过今后当一位研究员，或者一位教授。

约翰是个早熟的人，他早早开始规划一生的事业，却发现不论数学还是足球，都不能满足他对未来职业的想象，他希望他的未来职业是自由的、能够接触大量人群的、需要不断学习的、收入稳定的、有不错社会地位的，最重要的是，他必须喜欢这个工作。

他开始寻找适合自己的职业，他当过销售员，办过网站，做过讲师，当过公寓管理员，他换了十几种工作，却没有遇到最理想的那一种。但他从不灰心。约翰认为在遇到最喜欢的职业之前，一定会遇到不那么合适的，他享受尝试的过程，并把它们当作经验来积累。

一个偶然的机会，约翰接触了心理学，他被心理医生这个职业

迷住了。他认为自己终于找到了合适的职业，这个职业看上去和他之前的爱好毫无关系，却能够满足他对理想职业的想象，而且，帮助病人走出心理危机，让他得到空前的成就感。他认真地学习，考取资格证书，实习，开诊所，如今，他已经是一位有名的心理咨询师，他写的书也在国内热销。

每个人都想做自己喜欢的事，却很少有人愿意改变自己的生活，他们甚至来不及发现自己究竟喜欢什么，就糊里糊涂地将就着既定的生活。有些人会问自己："这是我想要的生活吗？"他们未必能得到答案，生活本来就不是一帆风顺的，谁也不能因为一时的不如意，就从根本上否定生活。但是，倘若他们问的是："这是我喜欢的生活吗？"他们会立刻看到自己的内心。

也有很多人明知自己不喜欢某种生活，却不知道如何离开，也不知道离开之后能做什么。其根本原因是他们还不知道自己喜欢什么。很多人会抽象地描述自己的喜好："轻松的"、"刺激的"、"能激发想象的"或者"充满挑战的"，但他们无法将这种喜好落实在一个具体的职业、一项具体的活动或一个具体的人身上。

为什么人会不知道自己的喜好？因为他们尝试得太少，在有限的活动内无法找到自己喜爱的东西，又因为懒惰、懈怠、失望、恐惧不再去尝试。人们有各种不去尝试的借口，不能打破现状的生活，没有时间，不想冒险，生存压力，父母期待……将就的理由总是那么多，而不将就的理由只有一个——我喜欢。

只有"喜欢"才能维持持久热烈的感情，才能让人变得专注，才能让人主动充实自己，才能让人期待未来。从事自己喜爱的职业，让人能够投入百分百的精力，进而取得成就。

事业是多数人生活的重心，价值的体现，所以，想要过不将就的生活，首先要搞定自己的事业。趁着年轻，你应该去闯、去试、去体验，找到你真正喜欢又能发挥你的特长，激发你的热情的工作，而不是早早定下自己一生的轨迹。有了合适的职业，你才能最大限度发挥你的价值，取得成就，你的生活，也将因此变得积极而多彩。

不将就生活第二步：迎难而上，要成就不要将就

很多人都在抱怨自己的生活受到了限制，工作限制了自由，责任限制了梦想，日常生活限制了眼界的开拓，人际交往限制了感情，在他们眼中，只要不合意，一切都是限制。但他们又没有改变现状的勇气，只能将就，只能抱怨。其实，真正限制他们的，是故步自封的思想。

不是吗？那些抱怨工作限制自由的人，大多不能高效地完成工作，省下自由的时间；那些抱怨责任太重的人，有什么资历大谈梦想？他们连责任都搞不定；那些抱怨日常琐事太多的人，大多不能把生活安排得有条理，导致处处有漏洞，时时被牵制；那些抱怨人际交往太复杂的人，本身并不懂得经营感情，否则遇到那么多的人，怎么不见真情流露？所以，他们被限制，是因为限定了自己“做不到”、“没办法”，只好找些借口。

幸福人生需要的是成就，而不是将就。如果一个人感到不幸福，即使享受奢侈的生活，拥有巨大的名气，依然还是不幸福。突破现有生活需要巨大的勇气，人们难免担心突破现状后的处境——会不

会更加不幸福？如果突破后得到更多的痛苦，为什么还要突破？这种担心促使人们将就下去。

也许我们该说一说幸福。幸福是什么？吃饱穿暖的物质生活？令人羡慕的光鲜状态？拥有名声和地位？外人眼中的“一切都好”？有些人拥有许多，但他们却未必幸福。很多看似安稳的人也体会不到幸福，相反，他们觉得乏味和沉重。可见，幸福是一种心理上的感觉，和外界的一切无关。

这种感觉要求人们正视自己的内心，于是，有些人忍受着孤独做着旁人不理解的研究，为每一个小小的发现雀跃；有些人不去追求世人追求的高薪职业，而进入自己喜欢的行业，每一天保持工作的激情；有些人不顾别人的眼光选择自己爱的人，享受二人世界里那些不为人知的甜蜜……他们当然也很辛苦，但在内心深处，他们不后悔也不空虚，总有一种充实的感觉，这就是幸福。

充实的人更容易拥有目标和成就。这不难理解，一个空虚的、将就的人因为对现状不满，也不愿确定目标，他的努力永远是机械的、缺乏方向的，不能向同一个地方使力，经常做无用功；而充实的人的目标非常明确，他们要进步、要更好的生活、要真正的成就，所以他们会要求自己自律、要求自己动脑、要求自己付出再付出，直到目标达成。

在将就和不将就之间、在充实和空虚之间，人们看到的永远是困难，而不是一条康庄大道。我们需要的是做出选择的勇气。改变，当然会带来风险，带来跌进谷底的恐惧，可能让平静的生活不复存在，让人面对巨大的压力。但是，改变后的自己的内心，将比任何时候都要充实，甚至拥有了背水一战的勇气。因为这一次，我们选择了喜欢的生活方式，我们走出了自己的路。

不将就生活第三步：争取喜欢的一切，你才会快乐

有一段时间，“虚荣”、“爱名牌”这类的评价伴随着小俞。小俞是公司的新人，她家境一般，工资低，学历也一般，却很爱省钱买一双名牌鞋，或一个名牌包。公司里的老大姐们经常劝小俞务实一点，同龄的女孩子们每天穿着光鲜的时装，也劝小俞不要太迷信名牌，“你看我们用的，不比名牌差，却比名牌便宜了三分之二。”

但小俞依然我行我素。小俞喜欢这些产品传达的设计理念和生活理念，她愿意把普通女孩花在穿衣打扮和娱乐上的钱，全省下来贡献给喜欢的东西。

她的衣橱渐渐充实起来：一件合身而舒适的内衣让她感到轻松和优美；一双合脚又美观的高跟鞋让她走路很少劳累；一件低调又奢华的礼服让她能在社交场合不逊色；一件剪裁好布料也好的定制职业装让她能胜任几乎所有场合；一款大方又耐用的手提包省却了搭配的烦恼……她知道自己喜欢的不是名牌，而是这种简单却舒适的生活。

小俞没想到，这些名牌还有很多附加作用。因为她的穿着，在陌生的场合，人们往往高看她一等。特别是她的客户，因为她得体又价值不菲的着装，增加了对她的信任感。就连在公司，人们看她的眼光也渐渐不一样。这就是名牌的“附加值”，它们不但提升了一个人的形象，还带来了无形的尊重。小俞说，她越来越能体会这些东西的重要，不是虚荣，而是一种自信的立场，只有渴望更高价值

的事物，才能有相应的努力，得到相应的成就……

不将就的人有一个显著的标志：他们会不顾他人的议论，一心争取喜欢的东西。

这些喜欢的东西是所有人都喜欢的，更体面的服装，更舒适的器物，更好的代步工具，更时尚的娱乐，更新潮的电脑或手机……不要以为想要某些东西就是虚荣，就是物质化，我们的生活哪里离得开物质？想得到更好的东西，只是人生进阶的一个外在标志。只要不被物质生活绑架，这些目标完全可以让我们的前进步伐更加直观，也让努力更加有成效。

当然，并不是所有喜欢都能量化或物质化，有些人的喜欢比较抽象，比如喜欢轻松的心境，喜欢脱俗的歌曲，喜欢诗意的栖居，喜欢诗和远方……这些追求也并不是口号，也许外人觉得如坠五里雾中，但真正懂得生活的人，非常明白诗啊远方啊究竟代表什么，他们只是不想直白地将那些事物和地名说出来罢了。

争取喜欢的事物是一个令人兴奋、不安、痛苦又快乐的过程。比起按部就班地拿到一个自己不在乎的目标，去争取高于现状的事物必然带来新鲜和刺激，而“喜欢”这个发酵剂，又给人带来勇气和激情。喜欢，让人一下子就跳出了日常生活的种种限制，人们幻想着成功那一刻的喜悦，这本身就是幸福。

喜欢和得到是两码事，而且是相距甚远的两码事。争取的过程，困难接踵而来，任何超越必然带来极大的困难。多数人败下阵来，突然发现比起那个喜欢的目标，自己还是更喜欢轻松一点，于是，他们和自己的目标永远无缘，今后只能用羡慕或假装不在意的口气提起来，甚至不敢再提。他们开始将就着生活。

继续争取的人遇到了更大的困难，甚至遭遇到失败的打击，他们也开始怀疑“喜欢”的价值。幸好，他们有一以贯之的信念，即使迷惑，也要先达到目的，亲眼看看那个胜利果实。于是他们继续前进，每一段路都有新鲜的收获，他们开始留意路边的风景，开始正视自己的内心，开始欣赏同路的那些顽强的人，可以说，他们的人生因为对一个事物的喜欢，变得更加开阔。这个时候，成败，已经没那么重要。

不论是否能享受到最后的果实，争取喜欢的一切，都给人以难以形容的快乐享受。而那些能够一直坚持的人，大多能得到自己想要的结果，体会到真正的喜悦。漫长的努力好过漫长的将就，前者让你的每一天都是新的，一段时间后，你会明显发现到自己的进步；后者让你的每一天都是重复的，不管过多久，你的日子不会有任何变化。这种区别，难道不值得你大胆一次、改变一次、争取一次？

此外，还有一个无法避免的问题要事先提醒。你喜欢的东西，未必适合你，这个时候还要争取吗？当然要争取，争取了才知道真的不适合，争取了才能了解自己也可以行动，争取了才能提升自己的能力。最重要的是，争取才不会留下遗憾。我们想要不将就的人生，就是为了不留遗憾！

第九章 远离负能量的人，为未来争取阳光

你身边有多少散发着负能量的人？他们可能是你的亲友，可能是你的同事，也可能是你的恋人，他们总是用自己的负面性格影响你，折磨你，但你碍于面子，碍于感情，碍于自己的软弱，不敢和他们划清界限。

当负能量已经严重干涉你的生活，你必须深刻地认识它的危害，清除它，越快越好！人生属于你自己，你要为未来争取阳光，而不是永远忍受阴影。

和什么样的人在一起，就会有什么样的人生

“普通人的圈子，谈论的是闲事，赚的是工资，想的是明天；事业人的圈子，谈论的是机会，赚的是财富，想的是未来和保障。”

一段时间，这两句话风靡了朋友圈，言简意赅地指出了普通人和事业人的最大不同：眼界。

我们用大量时间与人相处，互动自然而然地产生，和朋友之间有深层次的交流，和同事之间有公事或私事上的切磋，和认识的人之间有礼貌性的寒暄，有时和陌生人还会有长时间的谈话，更不要说公事上接触的客户，通过朋友结识的朋友，与远亲近邻的关系，从小到大认识的人……我们活在这个社会中，不可能成为隐士。

于是，不论工作还是闲暇，我们不可避免与人接触，与人交流，并在这种互动中感受他人的性格、脾气、智慧，有时还会受到他人的鼓励、提点、帮助。人与人之间的温情让我们得到启迪、得到安慰、得到支持，我们心存感激。可是，并不是所有影响都是正面的，很多时候，我们要用大量的时间听别人发牢骚、讲不切实际的道理，甚至承受他们没来由的坏脾气和有针对性的恶意。我们的心情也随之起落，由明朗变得一团糟。

大多数人没有和别人断绝关系的决心，也没有与人撕破脸皮的

魄力，于是，“忍”成了必然而无奈的选择。每天都告诉自己“没什么”、“当没听见”、“他/她不是故意的”、“不跟他们计较”，但想到“难道要一直忍下去”，心情更加糟糕。

更糟的事发生了。因为长期跟充满负能量的人在一起，不但心情不好，还渐渐感染上了他们的心态、他们的思路，遇到事情习惯性地抱怨一句，面对责任下意识地推卸一下，遇到困难先找人哭诉，遇到麻烦先骂骂咧咧……脾气越来越坏，耐性越来越差，口头禅越来越暴躁，看着镜子，你甚至没办法喜欢自己。

当然不能把这种变化都推给别人，日常生活的烦闷，工作的繁忙，大事小情总有纰漏，人生境遇也有高低，情绪难免起起伏伏，这些都可能让我们的心灵被负能量占据。正因如此，我们才需要注重修身养性，注重自我调节，注重与那些智慧的、积极的、善解人意的人交往，来弥补自己的不足。唯有如此，生活才能进入正循环，那些不快和郁闷才能很快排解。

此时，倘若你身边总是有负能量爆棚的人，你将被动地卷进他们的负循环中，因他们的唠叨而耽误时间，因他们的迁怒而暗自生气，因他们的指责而怀疑自己，因他们的心血来潮而耽误自己的正事。长此以往，你的人生也将和他们一样，谈论着他们的琐事，说着他们的口头禅，用他们的思维看待一切。然后，你也成为一个负能量携带者，将不满与怨气发散给他人。

这难道不可怕吗？这太可怕了！和什么样的人在一起，你就会有什么样的人生。同样的时间，同样的心力，为什么不去接近那些比自己优秀的人，学学他们身上的长处？为什么不去接触那些性格乐观的人，感染他们的活力？为什么不和幽默开朗的人一起玩耍，让生活充满笑声？试着和优秀的人在一起，你会发现向上的思维，超脱的眼光，和另一种活法。

人生应该由自己决定。走什么样的道路，决定于自己的理想；有什么样的日常，决定于自己对生活的态度；每日的心情，决定于你和什么样的人走得更近。我们固然不能完全避免接近那些带有负能量的人，但我们可以保持距离，可以选择与那些正能量的朋友接近。当你也变得积极、变得活跃、变得自信、变得宽容时，还可以用自己的形象来改变那些负能量携带者，这才是最有价值的人生。

和牢骚的人在一起，你是垃圾桶

每个人都希望有很好的谈心对象，可以把日常的不快、不满、不开心统统告诉他，他会静静地听你发泄，适当地安慰你，帮你擦掉眼泪，让你一身轻松。谁不想有这样一个温柔的谈心对象呢？所以，电台里有各种“知心姐姐”类的栏目，报纸上有专门的情感倾诉专栏，专门的电话热线曾经风靡，淘宝一搜，能看到一堆“情感交流”……

倾诉，是一种需要；愿意听人倾诉的人，有一颗温柔的心。

道理是好的，但在实际生活中，事情可没有那样美好。看看丹丹的遭遇吧：

丹丹，今年 26 岁，是朋友圈里有名的温柔姐姐，大家都夸她人好，性格温柔，值得信赖，有什么事都喜欢找她倾诉，说她“像姐姐一样”。起初，丹丹还为此得意，认为这是她的个人魅力点。渐渐地，丹丹有点烦了。

她的朋友毫无例外的是一些极其需要倾诉的人，他们能打几个小时的电话哭诉鸡毛蒜皮的琐事，失恋——姑且算是人生大事、工作不顺、同事不好相处、租的房子不好、今天没带钱包、家里的猫总掉毛，不论什么事，都要对丹丹唠叨一番，丹丹有时听得想要打瞌睡，却不好意思打断，只能任由对方说下去，再说下去。

后来丹丹才明白，这些人并不是将她当作一个可靠的朋友，而是将她当作方便的情感垃圾桶，他们在她这里发泄一番，打起了精神。丹丹却被他们的琐事搅得头晕脑涨，影响情绪，还浪费时间。这难道就是温柔的代价吗？这代价也太惨了点。

如果请你来帮丹丹支着，你一定会慷慨激昂地说："让那些人走开！"但在现实生活中，你真的会这样做吗？多数时候，你和丹丹一样，心不在焉地听着别人的牢骚。你不想与人结仇，不想影响关系，不想给人留下不近人情的印象，你有这样那样的担心，只能无奈地听着，在心中积累着各种不满。

是时候仔细想想你的位置了！在朋友心中，你究竟是怎样的形象？试想一下，倘若你是个忙得脚不沾地的精英人士，谁好意思用张三李四的闲事打扰你？倘若你是个就事论事坚持立场的人，谁会拿鸡毛蒜皮的小事来询问你？倘若你是个生活品质极高、杜绝庸俗的人，谁会把家长里短拿到你面前讨没趣？

明白了吗？你会成为垃圾桶，是因为你看上去很闲，性格又软不敢得罪人，能力很一般不会让他们有压力，这才是真正的原因。想要远离他们，要么狠下心拒绝，要么铆足力气树立自己高大上的形象，让闲杂人等不敢轻易与你开口。

请记住，真正的朋友会考虑你是否繁忙，会在乎你的心情，会更加关心你的近况，而不是每次联络都只是单方面吐自己的苦水。对那些把你当作垃圾桶的人，别客气，趁早离他们远点，你的生活，不应该整天被别人的负能量包围！

和狭隘的人在一起，你是忌妒的靶子

咖啡店里，一群同事正在享受下午茶。他们是同一个游戏公司的员工，有美工、有策划、有文员，都是活力充沛的年轻人。昨天，他们完成了一个大任务，今天没什么工作要做，就来公司附近的咖啡厅里聚会。

小 D 是这伙人里最年轻的一个，今年刚从美术学院毕业，为人风趣，很讨人喜欢。他正在绘声绘色地给大家讲一个笑话，逗得人前仰后合。可是小 L 突然冷冷地说："这是 ×× 微博上的笑话吧？我昨天也看到了。"

小 D 顿时不知该如何接话，还在大笑的同事也不知该怎么圆场，气氛变得十分尴尬。大家说了几句无关的话，就意兴阑珊地起身结账，好好的一次聚会扫兴收场，小 L 像是压根儿没发现自己做错了什么。几个同事私下里发消息说："小 L 怎么总这样？下次别叫他了！"

像小 L 这样的人，在我们生活中并不少见。

也许你也领教过这种人的扫兴功力，他们为破坏他人的好心情而存在。

你买了件好看衣服，心情正好，他们告诉你：“我上周在网上看到，同一个牌子，比你这个便宜好多呢！你买贵了！”

你得到老板的表扬，正在兴头上准备请同事们吃饭，他们酸溜溜地说：“××上次做的单子数额更大，简直是神人！”

你有了新的爱好，正在对朋友们介绍，他们有意无意地说：“这个啊，我早玩过了，没什么意思。”

你好不容易攒够假期去了趟新马泰，正问同事们想要什么手信，他们慢悠悠地来一句：“新马泰其实没什么好玩的，还是欧洲更值得走一趟。”

……

诸如此类，让你无数次有冲他们大叫“闭嘴！关你什么事！”的冲动，为了礼貌，为了友好关系，你忍下了。倘若他们只是一个普通同事，一个疏远的老同学，一个不怎么联系的亲戚，你当然能对他们偶然的扫兴行为不予理会，但是，倘若他们恰好是你的朋友呢？

你可能会为他们找借口，认为他们不是故意的，他们只是性子直，实话实说。

你可能会安慰自己，认为人无完人，朋友就应该接受对方的缺点。

你可能会劝导自己，忍一时风平浪静，何必为一时的气愤破坏两个人的关系？

你可能坦诚恳切地与对方谈心，字斟句酌地提出建议，让对方改一改这种习惯……

没有用，一切都没有用。对方也许会跟你道歉，请你别介意他的直率；也许会说这一切都是你的误会，并加以解释；也许还会反过来怪你以小人之心，度君子之腹，侮辱他的人格；也许会和你大吵一架……总之，他们根本不会改变自己的作风，而作为朋友的你，就是他们最经常、最方便伤害的对象。

这是一群狭隘的人，他们见不得美好，容不得优秀，最讨厌别人比自己更受重视。所以，他们会在别人高兴的时候泼冷水，在别人进步的时候说丧气话，在别人想要表现的时候拆台，在别人有机会的时候加以破坏。然后，他们会若无其事地说:“我没有那个意思，你想多了吧？你难道有被害妄想？你是不是太敏感了？”

和狭隘的人在一起，你就是他们的忌妒心的靶子，他们会观察你的一举一动，从中找出缺点加以扩大，以显出他们的优越感。你的成就不会让他们开心，你的失败却会让他们窃喜，你的帮助被他们当作炫耀，你的苦口婆心让他们恼羞成怒。他们甚至会暗中破坏你的机会，会挑拨你和他人的关系，会散布关于你的谣言。你根本改变不了狭隘的人，而且，和他们接触久了，你会发现自己也开始斤斤计较。

如果你身边恰好有这样的人，不论对方是你的亲人、恋人、朋友、同事，你能做的只有迅速远离他们。和一个狭隘的人相处，你会沾染忌妒和庸俗。人生短暂，何必让一个只知道忌妒你、伤害你的人干扰人生？离开他们，你会发现世界无限广阔。

和懒惰的人在一起，你是免费保姆

懒是一种什么样的感觉？很多人会告诉你，懒代表了舒服和闲适。把生活节奏放慢，安心地做每一件事，想做的时候做，不想做的时候在沙发上懒一懒，不逼迫自己，不给自己压力，事情总会解决，着急有什么用呢？没烦恼，很开心，这就是懒人的哲学。

这是真的吗？

小胡的口头禅就是："哎，我真是太懒了！"说这句话的时候，他带点故意的愧疚，还带着一点得意。他一点也不觉得懒有问题、懒会带来麻烦，相反，他为自己的懒惰得意，认为这是一种包含了大智慧的人生态度。懒，能让自己不累；懒，自然有人会把事情解决；懒，就是得过且过，什么事都能过去。

小胡一懒，他身边的人遭了殃。

问题的根源也许是他的爸爸妈妈。小胡算是一个比较聪明的孩子，为了他能专心学习，他的爸爸妈妈包办了所有家务，小胡从小到大甚至没洗过一双袜子。就连上了大学，也是把脏衣服攒起来，每周末背回家交给妈妈。

小胡的女朋友几乎是个全职保姆，要照顾他的饮食起居，每天中午还要发短信提醒他吃午饭。

小胡的朋友不得不经常帮小胡做各种事，从公事到私事。

小胡的同事更头疼，他们经常被小胡拖了进度，只好承担额外的工作。

就连小胡的上司也不能幸免，有时候十万火急地问小胡：“那个报表做完了吗？”小胡一拍脑袋：“哎呀！忘了！我马上做！”

小胡人不坏，脾气好，怎么骂都不生气，对人大方，脑子聪明，有很多优点。但在他身边的人，都觉得自己是个免费保姆，谁也拿这个大男孩没办法……

你身边有没有特别需要照顾的人？他们身上有很多优点，有些人非常聪明，有些人有艺术天赋，有些人善解人意，有些人天真可爱，和他们相处，你会下意识地迁就，下意识地照顾，当他们懒得去做某些事时，你义不容辞地帮忙。渐渐地，帮忙变成了你的责任，情分变成了本分，他们心安理得地接受着，你却越来越觉得不对劲——为什么你就像他们的保姆，还没有任何工钱？

世界上就是有这样的人，他们并不是没有能力，更不是缺少时间，他们只是懒得自己动手，恨不得把一切费时间费精力的事都交给别人去打理。有些人是无意的，他们只是怕麻烦；有些人是故意的，他们就是要占人便宜。而那些耳根软、性格温和、不好意思得罪人的人，就是他们的目标。

友谊应该是平等的、相互的，单方面地付出总会让人觉得疲惫，疲惫可能变为抱怨，抱怨可能变为愤恨。想要享受友情，最后得到一份愤恨，还不如从一开始就擦亮眼睛。何况，就算你不介意顺手帮几个忙，当几个小时保姆，对他们本人就有好处吗？放纵他们的依赖，培养他们的惰性，你不是在帮忙，你是在害人！

而且，和懒惰的人在一起，你也可能因为觉得“不公平”而开始拖延，开始推脱，开始懒。近朱者赤，近墨者黑，不想变成大懒蛋，还是尽量和勤快的人在一起，他们的高效率会让你检讨自己的懈怠，让你也留意自己的时间安排，注重提高效率，开始“闲不下来”。还是那句话，选择朋友，就是选择人生。

和悲观的人在一起，你开始承担郁闷

和悲观的人在一起是什么样的感觉？

不论晴天雨天，每一天都是灰暗的，看不到前方有希望的存在，即使有开心的事情，也像刚刚点燃的火苗一下子就被雨水扑灭。

很少谈论未来，因为现在的一切都那么糟糕，总能看到事物的阴暗面，对于任何事都想到最差的一种可能，并把它当成唯一的可能。

没有正面结论，对人对事都习惯做出负面判断，相信人性是阴暗的，生活是庸俗的，快乐是虚假的，人生是被动的，感动是廉价的。

有一种看透一切的空虚感，却以为那是智慧和超脱，有时还会冷笑。即使不哭，也常常被难过的情绪纠缠着……

和悲观的人在一起，你感受不到生命的活力，你必须承担对方骨子里的郁闷，试图开解他，宽慰他，甚至想要改变他。但一切都是徒劳的，他会反过来告诉你开解没有意义，宽慰只是客套，改变只是白费力气。你没办法从根本上改变一个悲观的人，除非有一天，他自己想开了，渴望改变了，他才可能看到生活充满阳光的一面。

所以，你可以尽量鼓励那些悲观的人，但也要注意自我防护，不要被悲观情绪渗透影响。悲观是有传染力的，一旦被传染，你的生活也会将阴雨连天，难见太阳。

鲁连连是自由职业者，微博自媒体，偶尔打个广告赚点零花钱。她的主要收入是写作。作为一个小有名气的情感作家，她常在微博、微信推送情感故事和情感感悟。她每天都能收到数封私信，看到各种各样的悲伤故事。看得久了，她对感情越来越不自信。

老一辈不是讲究门当户对就是讲究革命情谊，谈一次恋爱就是一辈子婚姻。现代人灵魂自由，生活自立，感情却没了根底，今天合了明天分了，打开私信，十有八九是失恋、痛苦、折磨、郁闷，鲁连连的任务就是选择有代表性的故事写文章，开解这些都市里的痴男怨女。总是接触这些情感事故，她开始怀疑真爱究竟存不存在。再加上她与男友也产生了矛盾而分手，她对感情再也无法乐观。

一个情感专栏作家竟然出现了情感问题？看似荒唐，却并不让人意外。优秀的喜剧演员在现实中根本不快乐，有名的厨师吃不下自己做的菜，高智商的科技人才是生活低能儿——这些报道屡见不鲜。鲁连连明白这些道理，也知道问题出在哪里。整天看别人分手，心情怎么会好？想看一点好的？哪个感情生活十分圆满的人跑来找情感作家倾诉？难怪人家说自由职业者容易得抑郁症，整天独自闷着，能不抑郁吗？

鲁连连开始学着自我调节，她开始尝试剧本工作，还会每周定期和闺密们出门吃喝玩乐，活跃自己的心情。她说，习惯了坐在一个人的屋子里爬格子，更要学会亲近阳光。不然，只能像蘑菇一样在阴暗的角落里发霉。

当我们观察着身边的人是否悲观，为他们的心事感慨的时候，有时会突然发现，自己也并不是那么乐观。悲观就像人生的阴影，潜伏在暗处，在你落入低谷时笼罩你，顷刻愁云惨淡。没有人能完全乐观，人生总有短暂或长久的悲观，不可避免。

不过，一个人悲观与否，来自自己的选择。一时的悲伤可以变为长久的悲观心态，也可以成为前进的动力。最关键的是学会自我调节：不要习惯性地对事物做出负面判断，不要整日思考人生的阴暗面，不要为旧日的遗憾纠结发呆，不要过于留恋失去的东西。凡事往好处想，觉得遗憾就为未来努力，这才是建立乐观思维的途径。

另外，生活中悲观的人并不少，甚至有些外表阳光的人也有悲观的内心，我们不可能避免与他们相处，所以要学习一些相处技巧，才能既不被他们释放的负面情绪影响，又能协调两个人的关系，也许还能给对方带来乐观的好心境。

和悲观的人相处首先要注意自己的言行，不能太过随便，以免打击了对方的自信或伤害了对方的情感；可以指出对方的缺点，鼓励对方充实自己，但不要同情心过于泛滥，一味容忍对方，这对两个人都没好处；悲观的人容易为琐事伤心，有时甚至无病呻吟，这个时候千万不要附和对方，也不要竭力去安慰，用有趣或有意义的事物转移对方的注意力，让他们忙起来、动起来，不论是知识的充实还是事业的进步，都能帮助他们建立自信，一个拥有自信的人，才能逐渐远离悲观。

和虚荣的人在一起，你学会晒晒晒

小陆正在餐厅吃饭，菜上齐了，她像往常一样，首先移动几个盘子的位置，让它们更好地集中在同一个镜头，咔嚓，一张照片。接下来，她分别拍了每一个盘子里的菜色，还拍了葡萄酒和餐具，最后，她把镜头对准自己，露出一个灿烂的笑容，如此几次，终于选出一张满意的。她又把每张照片调了颜色，有的还加了边框，直到这些诱人的照片发到朋友圈，她才开始吃饭——一面吃饭，一面看评论和点赞。

再看看和小陆一起吃饭的朋友，他们和她一样拿手机拍照片发朋友圈。他们说不清究竟是谁影响了谁，不知何时养成了晒晒晒的习惯。吃饭要晒，买东西要晒，逛街要晒，旅游要晒，读书要晒，晒成了日常生活的最重要任务。有时候，他们也会觉得这样做很无聊，很空虚，但习惯了被评论、被点赞，就再也放不下那种满足感，只能绞尽脑汁继续晒。

人性有炫耀的一面，有时候，我们很难忍住晒一下、炫一下的冲动。打扮一新，想要被他人赞美；取得成绩，想要被人羡慕；买到了少见的东西，想要分享……这都是人的正常心态。但是，如果一个人频繁地炫耀，就不再是正常的表现欲，而透露了此人内心的虚荣。因为需要存在感，因为想要得到他人注目，才不断用这种最直接的方法来表达。

谁都知道，那些整日晒来晒去的人，一定是虚荣的人。但人们并不会因为虚荣而远离一个人，一来认为虚荣是个人选择；二来认为这种疏远理由未免显得自己心存忌妒。所以，每个人都会有几个虚荣的朋友，他们虽然让自己不太舒服，但“那是别人的生活方式，我管我自己就行了”。

可是，和一个虚荣的人在一起，真的对我们没有影响吗？影响大着呢！当一个人总是在你身边炫耀的时候，你难免有不服气的心理。当你开始攀比的时候，你的虚荣心也被调动起来，你开始想要证明自己过得并不比别人差，你也开始有意无意地显摆自己生活里的最好的那一部分，你也开始享受被点赞、被羡慕的快感。

起初，你会认为：“这有什么？我只是分享一下自己的生活。”很快，分享就成了任务，你会想要拍一张比上一次更漂亮的照片，于是开始研究角度和造型；你会想要拍一桌比上一餐更豪华的饭菜，于是去了并没有多大兴趣的日料馆；你会特意参加某些活动，只为拍一张有场地背景的照片。你安慰自己说，你在享受生活。其实，你已经成了一个演员，为了让别人观看你的生活，不停地赶场。

醒醒吧。当你看到朋友圈里的那些琳琅满目的照片，你真的会由衷地赞美、十分地羡慕、特别地眼红吗？你只是出于礼貌评论一句，顺手点个赞。你如此，别人对你也一样，你们想的不过是下次一定要拍出更好的照片。这种虚荣的气氛充斥在朋友圈，你若是继续在此浪费时间，真没救了！

和势利的人在一起，你是踏脚石

阿南最近刚刚跳槽，过去五年，她在一个小公司工作，每天都很繁忙，加班加点换不来多少钱，以致她经常怀疑人生。好在阿南做什么事都认真，慢慢也有了一些名气。去年年底她被猎头公司看中，她将手头的工作完成后，趁着春暖花开，跳到一个业内有名的公司。

刚刚习惯新公司的生活，阿南却开始郁闷。为什么郁闷？她感觉自己一不小心成了红人，许多没联系的小学同学、中学同学、大学同学像是商量好了，排着队加她的微信。过去相处不来的同事也来套近乎，就连以前经常挑刺的上司也不止一次邀她吃饭。阿南心里甭提多郁闷。偏偏阿南有点“逆来顺受”，别人畅谈几句革命友情，峥嵘岁月，她也跟着热血沸腾，推心置腹起来。

以前，阿南没什么社交活动，现在，招呼她出去吃饭的人明显增多。她一面有点抗拒，一面又忍不住兴奋。某天，她与几个老同学推杯换盏一番，老同学纷纷跟她打听她的新公司是否缺人手，她实话实说“公司最近没有招人的打算。”有的同学不太高兴，说：“所以才让你帮忙打听打听，咱们是老朋友，你帮帮忙，给推荐一下？”

阿南觉得挺委屈，她自己进新公司还不到三个月，脚跟还没站稳，去哪里找推荐的门路？既然是老朋友，为什么不能先想想她的处境？一顿饭后，阿南听说对方还在背后抱怨她推三阻四不肯帮忙。

阿南越想越气，她为什么要跟这样的势利小人谈交情？打开手机，阿南直接将此人拉黑，顺便屏蔽了一大串没事攀交情的“老相识”。

世界终于清净了，阿南打开电脑，研究起最新的企划。这才是她的生活！

有一类人，他们不跟你抱怨生活，不拿鸡毛蒜皮的小事打扰你，不会说让你觉得不中听的话，更不会得罪你。当然，他们也不会与你亲近，不会特别主动地帮助你，不会对你提出有益的建议，不会关心你，他们和你的联系仅仅是逢年过节的群发短信——也许连短信都没有。

也许有一天，他们突然和你亲近起来，似乎刚刚发现你与众不同的优点，怀念与你相处的时光，希望与你建立更进一步的友谊。你应该高兴吗？当然应该高兴，这说明你突然有了被利用的价值，被欣赏的功效，这说明你成了一个比之前更有用的人。但你如果真和这类人推心置腹，你就太傻了。

这类人骨子里相当势利，他们看人只有一个标准：是否有用。只要能对他们的生活或事业产生助力，他们一律以礼待之，还会主动关心你、帮助你，让你享受到一些便利。当然，这一切都是有目的的，他们希望你成为一块踏脚石，搭桥铺路，方便他们走到更高的地方。走过去以后，他们不会再搭理你，因为要省下时间寻找更好的石头。

这类人，看似给了你一些帮助、一些快乐，却依然是你生活中的负能量，他们把利用别人当作理所当然的事，而且，他们把这种利用看作交换，根本没有内疚感。他们的世界里只有衡量、算计、利益交换，你想和他们患难与共？没门，他们只会在大难临头时扔下你，让你独自体会世事无常人心易变！

交友，需要慧眼；生活，需要慧心。社会人不需要划清界限，界限在自己心里。分清什么是真情，什么假意，记住谁在你困难的时候愿意提供帮助，谁在你得意的时候赶来逢迎，这决定看你是别人心目中的朋友，还是踏脚石。和势利的人无须深交，只需保持共事的礼貌，不要沾染他们的“唯利益论”思维，你的生活才能被真正的感情包围。

和自私的人在一起，你要学习不当圣母

自私，是一个相当负面的评价，他们多半具备以下一项或几项特征：

1. 以自我为中心

一切以自己的喜好、利益、方便为主，从不考虑别人的心情，对干涉他人毫无自觉，对别人的干涉十分敏感，不知感恩，经常索取。倘若别人不能顺从他们的心意，他们便会觉得自己受了委屈，甚至指责别人。他们认为自己是太阳，所有人都要围着自己转。

2. 冷酷

基于礼貌，他们也会听别人倾诉，也会帮别人一些小忙，但一切都是有目的的。他们没有太多的热情，不懂真正的感情，也感受不到别人的痛苦，更不会同情他人的遭遇。只要自己能过得好，很少过问其他人的生活。

3. 贪婪

自私往往伴随着贪婪和吝啬。他们计较、不愿意付出、总是衡量着收支，在金钱上、在感情上、在一切方面都尽可能多地索取高回报。说的比做的多，用利益关系来衡量一切感情。他们有时会很好地掩饰自己的贪吝，以显得合群、热情。

4. 多疑

自私的人大多敏感，而且习惯以自己的思维揣测他人，认为他人也和自己一样有所图，他们以怀疑的目光看待世界，总是觉得别人不安好心，处处有人算计他们，于是，他们更不愿意吃亏，随时小心翼翼地防备着、警惕着，也让他们身边的人不安。

和自私的人交往，常让人感到疲惫。他们消极又脆弱，你经常感觉到他们的怀疑，经常要容忍他们的过分要求，经常觉得自己付出的感情得不到回报，甚至觉得自己吃了亏。而且，自私的人擅长指责他人，他们会利用别人的善良，来激发对方的罪恶感，结果就是，自私的人常常指责不那么自私的人，来证明自己的“无辜”。

和自私的人在一起，你付出越多，他们越觉得不够；你觉得委屈，他们觉得你不善良；你有所埋怨，他们说你太计较；你和他们讲公平，他们说你不懂感情；你要求他们改善，他们认为自己根本没错；你让他们考虑别人，他们说自己从未被别人考虑……总之，任何善意、付出、期待、真诚，都会被他们扭曲。而且，他们永远不满意！

谁能和这些自私的人一直交往下去？恐怕只有圣人做得到。我等凡人，还是离他们远一点，避免好心好意落得一身埋怨吧。

负能量攻略 1：清理朋友圈

朋友圈刚刚兴起的时候，着实让人们兴奋。散落在天南地北的老同学、老朋友、老熟人一下子聚在一起，实时分享生活的点点滴滴，远在天边的人好像就住在自己隔壁，沟通没有距离，交流没有限制，随时可以说上几句，友谊的距离大大缩短。每一天看着朋友们照片上的笑脸，用另一种方式参与他们的生活，还可以看看他们感兴趣的文章增加阅历，真是惬意！

究竟是什么时候开始，朋友圈完全变了样子？打开一看，广告满天飞，鸡汤一碗接一碗，包治百病的养生帖子转来转去，美图自拍照不变样地往上贴，剩下的就是各种晒：晒娃、晒名牌、晒食物，你不禁怀疑这些人每天究竟要把多少时间放在这些无聊的事情上，甚至觉得认真刷朋友圈的自己也挺无聊。

是时候清理一下你的朋友圈了，让自己的心灵有一个清净的地方，让自己的社交软件真的发挥它的作用，让友谊不变质，心情不变差，时间不被浪费。清理朋友圈分三步：

1. 对广告说“NO”

有人说如今是全民微商的时代，人人都想卖点东西赚点外快。那些在朋友圈不停发广告，不停求转发的人，把老同学、老朋友全都当成潜在客户，即使与他们不熟，他们也会很不见外地加上你。

更不要说你根本不认识的人，通过各种方法得到了你的社交账户，整天对你进行各种广告轰炸。有时候，你还真被他们那诱人的广告词忽悠，花了不该花的钱。

网络商家这么多，你完全可以选择最信得着的旗舰店，何必非要和一些许久不联系的“熟人”交易？买贵了，你觉得他们杀熟；和他们讲价，担心他们说你小气；买便宜了，你对他们的货物也不是很有底。这不是自己找不愉快吗？更有那些满天飞的三无产品，广告做得多好，效果就有多差，你放心吗？真正的好东西靠的是口碑，不是在微信里自吹自擂，明白这一点，你就应该将朋友圈发广告的人统统拉黑，你会发现你的钱包和生活一下子有了安全保障。

2.“毒物”大扫除

有一类人很有思想，当他们有交流需要的时候，他们会仔细斟酌用词，仔细选择图片，然后发一条有质量的朋友圈状态，让看的人有所收获，又愿意聊聊自己的感想。这样的人拉高了朋友圈的档次，不论你喜不喜欢这个人，一定要保留他的联络方式。他的语言、兴趣、状态，都可能在某个时刻给你有益的启迪。

可惜，这样的人不多，大多数人说的永远是空谈，转的全都是废话。当你看到“记住这 30 条名言改变你的一生”、“女人一定要懂的男人的 15 种心思”、“常吃这些食物抗癌防老又美容”等题目，不用说，屏蔽吧，一个人的阅读能够反映他的生活，你希望自己的生活也被这些东西充斥吗？

至于那些晒晒晒、买买买、烦烦烦，整天发这些状态的人，其精神状态可见一斑，你和他们能有多少共同语言？特别是那些容易散发负能量的人，一定不要看他们的牢骚和抱怨，尽量把这样的人屏蔽在你的生活之外。你的心灵和头脑应该容纳让自己充实的东西。

3. 友谊的小船，只载真心人

现在将还剩下的朋友分一分类吧。人无完人，我们的朋友自然有各种各样的缺点，有时还会让我们觉得麻烦，但友谊就是取长补短、互相迁就，当我们的心灵需要支撑和倾诉，朋友就是我们的港湾，和朋友在一起，学习、交流、娱乐、相互依靠，都是我们的安慰。不论朋友个性、身份、年龄、境遇如何，那些能让我们安心的人，应该永远珍惜。

而那些让我们觉得筋疲力尽、会用语言伤害我们、用行动贬低我们、在实际上不重视我们、一直破坏我们心情的人，用现代流行的说法，叫作“有毒朋友”。他们并不关心我们的好坏，甚至下意识地希望我们活得更差，至少要比他们差。这样的朋友比敌人更值得警惕。不要和他们有过于深入的接触，不要在他们身上浪费时间。静下心来仔细鉴别，留住那些真正的朋友，告别那些虚伪的情谊，你才能更好地享受友情的温馨。

负能量攻略 2：多出去走走，多交点朋友

牧羊人咖啡馆坐落在一条不起眼的街道深处，不太好找，但每天都有人特意来这里喝咖啡吃蛋糕。他们有的是咖啡馆的常客，喜欢这里时而幽静时而热闹的气氛；有的经过朋友推荐，想欣赏老板磨咖啡和拉花的手艺；还有人看到网上的评价，想到这里感受一下

在几只田园猫的陪伴下读书、喝咖啡是什么感觉。

咖啡馆老板姓董，不到40岁，为人热情，爱交朋友。只要愿意，每个来咖啡馆的人都可以和他聊上几句，有时能聊一个下午。董老板的朋友各式各样，有在校学生，有高级白领，有生意人，有小商贩，有医生有警察有教授，很多人是他早年卖保险的时候认识的，如今也成了咖啡馆的常客。

董老板脾气好，别人都爱找他倾诉心事，失恋找他，失业找他，没动力找他，有人说："天天被这些烦心事包围，你也真想得开！"董老板嘿嘿一笑，说他们只看到了一面，还有不少逗趣的人，优秀的人，积极的人也邀请他看个展览，玩个蹦极，爬个山观个海。就算有什么不开心，开心一下，"就中和了！"

董老板敢于"来者不拒"，朋友越来越多，他也在和多种多样的朋友的交往中，听到了更多的故事，了解了更多的人生，对生活的认识越发透彻。最近，他写了一本和日常生活心理有关的书，就叫《牧羊人的故事》，卖得还不错，越来越多人来到这个咖啡馆。

不难发现，那些真正懂得友谊，又善于交朋友的人，并不会把朋友分个正负，朋友多了，自然类型就多；类型多了，自然能相互中和。在积极的朋友那里得到激励，在伤感的朋友那里得到感性，在尖酸的朋友那里冷静头脑，在诉苦的朋友那里反思自身，在玩乐的朋友那里得到放松，在高雅的朋友那里提高眼界……没错，朋友越多，就越会领悟友情的真谛，也越不在乎朋友是否过于负能量。

当然，这是一种理想的交友状态，自身有底气，能够不被别人轻易影响，又能吸引他人，以大量正面相处中和了负能量，真是令人羡慕的交友方式。但是，这种状态并不能轻易达到，需要我们不断走出自我的圈子，不断与不同类型的人接触，结识新朋友，不忘老朋友。

有人因为怕麻烦而不想多交朋友。人心隔肚皮，谁也不知道谁心里想着什么，不断地猜测、试探、怀疑再建立友谊，的确是一件累人的事。可是，为什么一定要把事情搞得如此复杂？以更加豁达的胸怀去接纳朋友，不要太在乎得失，就不会猜来猜去——自己心里也畅快，别人和你相处也舒服，何乐而不为？

建立自己相对正能量的圈子，又不要局限在小圈子里，要让空气流动，带来新的信息，新的想法，新的智慧。和朋友相处难免会有摩擦，但只要懂得原则和容忍的平衡，不去斤斤计较，你就会承认，在绝大多数时候，朋友带来的是关怀和安慰，以及关键时刻的帮助，这完全值得你多费些心思，多包容一下对方的缺点。想要交朋友，不能怕麻烦。何况，你也未必是个让人轻松的人。只要真诚相待，朋友带来的大多是进步。

此外，多交朋友和清理朋友圈并不矛盾。有些人不论你如何鼓励、如何忍让、如何带动，都只是纠结自己的烦恼，执意抱怨唠叨，而且一定要让别人和他一样心情不好、满腹牢骚，他才会开心。为什么要留下这样的人？如果对方连一个向上的心态都没有，还总是想拉着你往黑暗里走，你唯一能做的就是一把推开，走自己的路。

负能量攻略 3：培养乐观心态

王小姐说，她曾经是一个充满负能量的人，自从她遇到朱先生，她才开始正视自己身上的缺点。朱先生就是那种看上去可靠，让人感觉积极向上的人。他并不给别人讲大道理，谈人生经验，更不会像很多男人那样吹吹牛皮，吸引他人注意。相反，他很多时候都是安静的，他更愿意听别人说话。

王小姐第一次注意到朱先生，是在她和一伙认识、不认识的朋友去海边烧烤的时候。初夏傍晚，炭火熊熊燃起，烧烤架上各种肉类冒着油，啤酒“砰”一声被打开，众人玩得很兴奋。王小姐负责开车，不能喝酒，所以注意到众人喝得东倒西歪，准备回家时，朱先生拿出一个巨大的垃圾袋，将垃圾全都收了起来。

有素质，是王小姐对朱先生的最深刻的印象。通过接触，王小姐发现朱先生性格虽然温和，却是个非常有原则的人，什么该做，什么不该做，他一清二楚。他对朋友很照顾，很少沾那些说不清的人情关系，这让王小姐对他印象更好。

后来他们成了朋友，王小姐进一步了解了朱先生，她发现朱先生做事极有条理，却不刻板。什么时候该做什么一清二楚，又不会一心只扑工作，所以工作、闲暇都显得不紧不慢，有一种合理又舒适的步调。王小姐还曾经详细地记录下朱先生每天都做什么，她发现朱先生工作认真，日常生活却很随意，今天健身、明天唱 K、后天看个电影，也有时自己一个人在家里泡泡茶看看书，总之，兴趣很广，总能找到有趣的事。

朱先生看上去非常普通，工作也普通，性格也不出众，但通过他，王小姐才懂得，所谓正能量并不需要多么厉害、多么优秀，正能量是一种平静自得的生活状态。喜欢你的生活，坚持你的原则，扩展你的视野，开阔你的心胸，每个人都可以充满正能量。

从负能量到正能量，需要一个缓慢的心态调整过程。人们总希望自己能因一句话、一次感悟、一个榜样而得到醍醐灌顶的启示，从此洗心革面，远离旧日的生活习惯和思考模式，变成一个崭新的人。正因为有这种不合实际的幻想，很多人继续得过且过，没有意识到改变靠的是自己，不是别人。就如同心中的负能量积累，看似有外人的作用，其实都是个人的负面情感的累积。

所以，想要充满正能量，不只需要远离那些散发负能量的朋友，还应该亲自去纠正不当思维，收集快乐，向往阳光，培养积极心态，在努力的过程中，你会发现正能量和负能量一样，越凝聚越强大，越积累越厚重，甚至散发出强烈的气场，影响身边的人。那么，一个正在情绪低谷的人，该如何果断地结束悲观、有效地培育乐观？以下三种方法可供参考：

1. 靠近那些充满正能量的人

这是最简单、最直接、最立竿见影效果的方法。离开负能量，你感到一身轻松，靠近正能量，你就会充满力量。这并不难理解，你小气，靠近大方的人，会觉得自己的算计有点可笑；你狭隘，靠近眼界开阔的人，会增长不少见识，明白自己的坐井观天；你懒惰，和工作效率超高的人一起工作，哪里有脸皮一直拖后腿；你虚荣，和那些虚怀若谷的人在一起，会立刻意识到自己的浅薄；你失落，和人一起说说“那儿都不是事”一类的豪言壮语，胸襟顿时开阔……当然，良性接触必须有个良性前提，你必须有所付出。倘若你只想把他们当成垃圾桶或占便宜的对象，他们也会迅速地远离你。

这里也会有一个小小的问题，充满正能量的人大多积极而优秀，难免让人心里产生自卑或忌妒，这是我们必须克服的心理因素。想和优秀的人做朋友，首先要做的就是调整心态，把忌妒变为欣赏，把自卑变为学习，把羡慕变为动力。学习他们的思考模式和工作习惯，把他们最优秀的部分应用到自己的生活中，试着从各个方面效仿他们，你会渐渐发现，大多数优秀的人能够取得成就，靠的是优秀的习惯，你也应该如此。

2. 学着“放下”

这是一句老生常谈，但很多人听了一万遍，也不懂什么是“放下”，更不知道怎样才能“放下”。那么就总结出一句最简单的话：放下，就是别再想，什么让你难受，你就逼迫自己马上去想别的事，去做别的事，或者忙到踩上风火轮连轴转。

人们总以为应该放下的是某一段令人痛苦的过去，其实，最应该放下的是每天生活中那些负能量小情绪，用最快的速度把它们扔掉，才是最迫切的事。扔掉这些蚂蚁似的小情绪，让它们不再啃咬你，不再扩大负能量面积，至少保证了每一天的工作效率、生活质量和简单心情。至于放不下的过去，还是交给时间去处理吧。

3. 要让自己积极起来

悲观的人往往缺少目标，想要积极，先给自己定个能够靠努力实现的目标，一步步接近它，只有成功能带来真正的自信。在这个过程中，你要善于发现机会，学习如何鼓励自己，特别是有困难的时候，一定不要轻易放弃。克服放弃心理本身，就是乐观的开始。还有，不要抱怨，多说积极的句子，多交积极的朋友。

与负能量在一起，只能在阴影里出没；在积极中生活，总能看到阳光。消沉、寂寞、痛苦，这些情绪都是生命的常态，每个人都要经历，乐观的人却像向日葵，从黑暗的泥土里钻出，永远追逐光明的目标。你不想像向日葵那样可爱吗？

图书在版编目（CIP）数据

别让未来的你，讨厌今天的自己 / 铁男著 .—北京：中国华侨出版社，2016.9

ISBN 978-7-5113-6292-6

Ⅰ.①别… Ⅱ.①铁… Ⅲ.①成功心理 – 通俗读物 Ⅳ.① B848.4–49

中国版本图书馆 CIP 数据核字（2016）第 215962 号

别让未来的你，讨厌今天的自己

著　　者 / 铁　男

责任编辑 / 文　蕾

责任校对 / 王京燕

经　　销 / 新华书店

开　　本 / 670 毫米 ×960 毫米　1/16　印张 /17　字数 /239 千字

印　　刷 / 北京金秋豪印刷有限公司

版　　次 / 2016 年 10 月第 1 版　2017 年 5 月第 2 次印刷

书　　号 / ISBN 978-7-5113-6292-6

定　　价 / 32.00 元

中国华侨出版社　北京市朝阳区静安里 26 号通成达大厦 3 层　邮编：100028

法律顾问：陈鹰律师事务所

编辑部：（010）64443056　　64443979

发行部：（010）64443051　　传真：（010）64439708

网　址：www.oveaschin.com

E-mail：oveaschin@sina.com